DESPREOCÚPATE
POR LO QUE OTROS
PIENSEN DE TI

MICHAEL GERVAIS, PH.D.
Y KEVIN LAKE

DESPREOCÚPATE POR LO QUE OTROS PIENSEN DE TI

Una guía para vivir la vida bajo tus propios términos

DIANA

The First Rule of Mastery: Stop Worrying About What People Think of You
por Michael Gervais y Kevin Lake

Diseño de portada: Planeta Arte & Diseño / Paulina Zaragoza Colin
Ilustraciones de portada: © iStock
Fotografía del autor: © Alex Wood
Traducción: Sharbel Pimentel
Formación: Moisés Arroyo
Imágenes de interiores: Paulina Zaragoza Colin / iStock

Bajo el sello editorial DIANA M.R.
Avenida Presidente Masarik núm. 111,
Piso 2, Polanco V Sección, Miguel Hidalgo
C.P. 11560, Ciudad de México
www.planetadelibros.com.mx

Primera edición en formato epub: febrero de 2025
ISBN: 978-607-39-2117-6

Primera edición impresa en México: febrero de 2025
ISBN: 978-607-39-1972-2

Impreso en los talleres de Corporación en Servicios
Integrales de Asesoría Profesional, S.A. de C.V.,
Calle E # 6, Parque Industrial
Puebla 2000, C.P. 72225, Puebla, Pue.
Impreso y hecho en México – *Printed and made in Mexico*

Índice

TERCERA PARTE
REDEFINIR

Introducción

Todo lo que nos molesta de otros
nos puede llevar a entendernos mejor
a nosotros mismos.
CARL JUNG

Cuando les damos más valor a las opiniones de los demás que a las nuestras, vivimos la vida en sus términos, no en los nuestros. La estrella del softbol Lauren Regula lidió con ese dilema en la preparación hacia los Juegos Olímpicos de 2020. Tras haberse retirado del deporte 11 años antes, Regula tenía la oportunidad de su vida (jugar de nuevo para la selección nacional de Canadá, en el escenario más grande del deporte) para ganar una medalla olímpica después de haber estado tan cerca en 2008, cuando quedó en cuarto lugar tras una derrota desgarradora en el partido por la medalla de bronce en Pekín. El entrenador canadiense llamó a Regula, mamá de tres niños, de 39 años y un negocio con su esposo, con la intención de convencerla para que saliera de su retiro e intentara ganar una medalla olímpica por última vez.

En la versión cinematográfica de esta historia, Lauren probablemente grita de alegría. Su reacción sirve como un clímax emocional, un momento ideal para *crescendos* de cuerdas sentimentales.

Pero en la versión real titubeó.

En su corazón sabía que quería hacerlo, pero era consciente de que enfrentaría retos y dudas. Tras haber participado en dos Olimpiadas anteriores, también sabía que no es que fuera a entrenar un par de semanas y regresar a casa.[1] Perseguir su sueño significaría una cantidad importante de tiempo lejos de sus hijos, ahora de 11, 10 y 8 años. Para mayor complejidad, los atletas solo podrían salir de la «burbuja» de la cuarentena una vez en los seis meses previos a los Juegos.

«Al ser mamá, no era una decisión fácil decir que sí al intento de entrar a la alineación olímpica», me dijo. «Sin mencionar que esa mamá solo había estado unos cuantos meses en una cancha, trabajando en su deporte, en los últimos años. Y sin tampoco mencionar que es una mamá que tiene y dirige un negocio con su pareja».

Pero al final no era la edad, el extenso periodo de inactividad o los años que había batallado contra la depresión posparto lo que amenazaba con arruinarle Tokio; era una agobiante preocupación por lo que la gente pensaría.

Esta es Lauren, en sus propias palabras:

> Cuando compartí mi historia de entrenamiento y viajes, y mi dedicación a este sueño, estos eran algunos de los comentarios que recibí:
>
> Caramba, yo nunca podría hacer eso... Nunca podría dejar a mi familia tanto tiempo.
>
> (*Insertar juicio de mamá*).
>
> ¿Crees que todavía puedes hacerlo? O sea, ¿no te da miedo que nunca serás tan buena como fuiste?
>
> (*Insertar juicio de «¿Quién carajos te crees que eres?»*).
>
> Pero ¿qué no eres la jugadora más vieja de la historia?
>
> (*Insertar juicio sobre la edad*).
>
> ¿Y a Dave no le importa que juegues y te vayas?
>
> (*Insertar juicio sobre esposa que abandona a su familia*).

Me estresaban esas conversaciones negativas. Me estresaba lo que otras personas pensaran de mí y mi decisión. Me estresaba que otros pensaran que era una mala mamá y una mala esposa. Que era muy vieja. Que nunca podría hacerlo. Y eso en realidad me hizo dudar. Mi mundo giraba alrededor de lo que otros pensaban sobre mi decisión.

Ahora bien, tuve más opiniones positivas que negativas; sin embargo, descubrí que las opiniones negativas eran mucho más poderosas. En ese entonces pesaban más. Estar estancada en esas palabras negativas, como ahora lo veo, me recuerda a una de mis citas favoritas: «Un árbol puede hacer mil cerillos. Y un cerillo puede quemar mil árboles».

Lauren batallaba entre la evaluación de sí misma y la evaluación de otros a ella. Su dilema era un reto que todos enfrentamos de distintas formas. ¿Seguimos nuestras propias directrices internas o nos ajustamos a las normas y expectativas de la sociedad?

Dicho de otro modo, Lauren sufría de FOPO —por sus siglas en inglés, «fear of people's opinions», miedo a la opinión de los demás— y casi le costó la última oportunidad para alcanzar su sueño.

Un límite invisible

Nuestro miedo a la opinión de los demás (el FOPO) es una epidemia oculta y puede que sea la mayor restricción del potencial humano.[2] Nuestra preocupación por lo que otra gente piense de nosotros se ha vuelto una obsesión irracional, improductiva y nada saludable en el mundo moderno. Y sus efectos negativos se extienden a todos los aspectos de nuestras vidas.

Cuando experimentamos FOPO, perdemos la fe en nosotros mismos y es nuestro desempeño el que se ve afectado. Esa es la naturaleza humana.

Pero, si no tenemos cuidado, el FOPO puede apoderarse de la narrativa en nuestras mentes, envenenándonos poco a poco. En lugar de enfocarnos en nuestros propios pensamientos y sentimientos, comenzamos a obsesionarnos con los pensamientos y opiniones de otros, ya sean hablados o percibidos, y esta obsesión puede afectar a nuestras decisiones y acciones. Y a nuestra vida.

Piensen en Lauren. Si hubiera dejado que sus pensamientos negativos —su miedo a las opiniones de los demás— se apoderaran de ella, se habría perdido la última oportunidad de hacer aquello para lo que había entrenado toda su vida.

El FOPO forma parte de la condición humana porque operamos con un cerebro ancestral. El anhelo de aprobación social hizo a nuestros ancestros cautos y sabios hace miles de años. Si la responsabilidad de la cacería fallida recaía en tus hombros, tu lugar en la tribu podía verse amenazado.

Pero hoy en día, con la proliferación de las redes sociales, la intensa presión por triunfar, sobre todo a una edad temprana, y nuestra excesiva dependencia de recompensas, parámetros y validación externos, el FOPO campa a sus anchas.

Se puede ver el FOPO en acción cuando los líderes no alzan la voz y toman decisiones difíciles, o cuando los directores ejecutivos favorecen las ganancias a corto plazo de los accionistas por encima del bienestar a largo plazo de sus empresas. Y cuando los políticos votan por su partido en lugar de por su conciencia.

Mientras más pronto cambies de manera fundamental tu relación con las opiniones de otras personas, más pronto serás libre. Completamente libre para sentirte a gusto contigo mismo estés donde estés.

El FOPO se asoma casi en todas partes de nuestras vidas y sus consecuencias son enormes. Nos vamos a lo seguro y arriesgamos poco porque nos da miedo lo que sucederá del otro lado de la crítica. Cuando nos cuestionan, nos volvemos como puercoespines, protegemos nuestros egos con nuestra versión de púas filosas, o desistimos de nuestro punto de vista. Cambiamos la autenticidad por la aprobación. No levantamos la mano cuando no podemos controlar el resultado. Intentamos entender una situación no por bondad, sino para pertenecer. Nos reímos aunque algo no sea gracioso. Nos mordemos la lengua cuando alguien dice algo ofensivo. Formulamos nuestra respuesta al mismo tiempo que escuchamos. Buscamos el poder más que tener un sentido. Complacemos en vez de provocar. Perseguimos los sueños de otros en lugar de los nuestros.

Hacemos público nuestra autoestima y nuestro sentido del valor. Nos vemos a través de los ojos de otros. Buscamos fuera de nosotros para determinar cómo nos sentimos con nosotros.

Si la gente nos aprueba a nosotros mismos o a las elecciones que hacemos, nos sentimos genial. Si no nos aprueban o a nuestras elecciones, nos sentimos fatal.

Corremos por todos lados intentando complacer a otros y ser lo que pensamos que la gente quiere que seamos, en lugar de ser lo que somos. Desconocemos nuestras propias necesidades o las desechamos mientras luchamos por nuestro valor propio.

Habremos pasado nuestro breve tiempo en este increíble planeta representando un papel, habitando una identidad, conformándonos a las expectativas percibidas de otros. Nunca descubriremos en quiénes podemos realmente convertirnos.

Ahora, piensa en las decisiones que has tomado en tu vida. ¿Escogiste tu carrera porque te apasionaba ese campo, o te dedicaste al Derecho o a los Negocios o a lo que sea porque eso era lo que se suponía que tenías que hacer? O permíteme que lo exprese de esta manera: ¿alguna vez has sentido el deseo urgente de hacer un cambio en tu vida, o asumir un nuevo reto con audacia, pero no lo hiciste por lo que los demás podrían pensar?

Todos lo hemos hecho.

Pero este es el asunto: si empiezas a poner cada vez menos atención a lo que hace que tú seas *tú* —tus talentos, creencias y valores—, y empiezas a ajustarte según a lo que otros puedan o *no* pensar, vas a limitar drásticamente tu potencial y tu búsqueda de maestría de ti mismo y lo que haces.

Todos tenemos cualidades y fortalezas únicas, y es nuestro trabajo aprovecharlas al máximo. Siempre estamos en un estado de transformación, y ese estado, ese esfuerzo por transformarnos en la persona que queremos ser, es frágil y se pierde fácilmente entre las presiones externas e internas de la vida diaria. Se necesitan una profunda determinación y visión internas para lograrlo.[3]

Si te influyen demasiado las fuerzas externas, como lo son las opiniones de otras personas o las presiones de la sociedad, estas pueden acorralarte y limitar lo que es posible.[4] En vez de dar el siguiente paso, puede que te digas a ti mismo: «La suerte está en mi contra o no soy lo suficientemente listo». En vez de hacer un cambio de carrera, puede que digas: «Estoy demasiado viejo». Si no se controlan, estas historias que nos contamos se pueden sentir reales, ciertas e inmutables.

El deseo de encajar en algún lado y el miedo paralizante a no caer bien debilitan nuestra capacidad de perseguir las vidas que queremos crear.

Aunque nuestros cerebros ancestrales hacen que el FOPO sea una realidad cotidiana, eso no quiere decir que necesitemos obsesionarnos con él, que nos impida hacer lo que queremos hacer.

En medio del espacio

La historia de Woody Hoburg subraya la posibilidad que se abre cuando seguimos nuestro propio camino y no sucumbimos a las opiniones de otros. Woody es uno de los mejores seres humanos que he conocido. Tiene un rendimiento impresionante, emocional, psicológico, intelectual y físico. Su sentido de la aventura solo se equipara con su curiosidad y humildad. Desde que era niño, le encantaba escalar y soñaba con ir al espacio. Woody obtuvo una licenciatura en Aeronáutica y Astronáutica del MIT y después fue a Berkeley a hacer un doctorado en Informática.

A Woody le encantaba resolver problemas difíciles y técnicos, pero tenía otra faceta que no sentía cubierta en ese camino. En Berkeley, escalaba los fines de semana en el cercano Parque Nacional Yosemite y pilotaba aviones, pero quería que sus aventuras fueran más estructuradas y significativas. Quería poner en práctica sus habilidades en un empleo que tuviera sentido. Se le ocurrió la idea de obtener su certificado de Técnico en Urgencias Médicas y postularse al equipo de Búsqueda y Rescate de Yosemite.

Hacer rescates en las montañas no tiene nada que ver con obtener un doctorado en Informática, así que Woody buscó el consejo de sus asesores académicos, personas a las que respetaba profundamente y a las que hasta ahora considera amigos y mentores. Estaba fascinado por cuántos de ellos intentaron disuadirlo, diciéndole cosas como: «No me parece que sea tan buena idea. No estoy seguro de cómo te va a ayudar en lo que estás buscando».

Las opiniones de los académicos pesan mucho cuando se está en el mundo académico. Como lo describió Woody: «Es gente en la que confío y a la que respeto profundamente, y quería escuchar sus opiniones». Pero Woody se resistió a la tentación de conformarse. «Al final, tuve que tomar una decisión... Simplemente sabía que iba a hacerlo y me alegra haberlo hecho porque fue una de las mejores experiencias de mi vida».

Woody terminó su doctorado en Berkeley, comenzó a dar clases en el MIT y entrenaba en un gimnasio de escalada cuando su mejor amigo le dijo que la NASA estaba admitiendo solicitudes para nuevos astronautas después de una pausa de cuatro años. Woody llenó una solicitud por internet en USAjobs.gov y dio clic a «Enviar» lo que él consideró cero probabilidades de entrar. Un año y medio después, fue uno de los 12 candidatos seleccionados para la categoría de astronautas entre más de dieciocho mil aspirantes cualificados. Mientras escribo este libro, el doctor Hoburg está en la Estación Espacial Internacional dirigiendo una misión de seis meses. Él y yo acabamos de grabar el primer pódcast en la historia hecho desde el espacio exterior.

¿Por qué seleccionaron a Woody? Él cree que unirse al equipo de Búsqueda y Rescate de Yosemite hizo que su candidatura se distinguiera. Rehusarse a ceder a la presión de las opiniones de otras personas fue su boleto al espacio y le permitió cumplir su sueño de la infancia.

En las trincheras

Como psicólogo especializado en optimización del rendimiento, he tenido el privilegio de trabajar con algunos de los individuos y equipos más extraordinarios del planeta. Estuve en los banquillos cuando los Halcones Marinos de Seattle ganaron la 48ª edición del Supertazón contra los Broncos de Denver. Me senté en el centro de control cuando el paracaidista de salto BASE austriaco Felix Baumgartner rompió el récord de salto espacial al lanzarse desde 38.5 kilómetros por encima de la superficie terrestre, con una caída libre de más de 1 280 kilómetros por hora. Estuve en las playas de Tokio cuando el equipo estadounidense de surf ganó la primera medalla olímpica de oro en la historia del deporte. Estuve a un costado de la cancha cuando Kerri Walsh Jennings y Misty May-Treanor, quizá el mejor equipo femenil de volibol de playa de todos los tiempos, ganaron tres medallas de oro en tres Juegos Olímpicos consecutivos. Estuve en la misma sala con el director general de la empresa de tecnología más grande del mundo cuando la compañía emprendió su curso para ser la primera organización corporativa en construir una cultura basada en la mentalidad, la empatía y la resolución.

Los que se desempeñan al más alto nivel en el mundo van más allá de los límites percibidos del potencial humano y expanden nuestras nociones de lo que es posible.

Pero en mi experiencia, no son solamente excepcionales en sus oficios. Más allá de una búsqueda incansable de ser su mejor versión, lo que impulsa a estos individuos de alto desempeño es una lucha por la excelencia interior. Están en una búsqueda constante de maestría de sí mismos y lo que hacen.

Y no es fácil. Aunque tendemos a ver a los atletas, actores, líderes y músicos como superhumanos que poseen habilidades físicas innatas y resistencia mental, la realidad es mucho más complicada.

De hecho, el éxito —sobre todo cuando se logra ante la mirada del público— nos hace más susceptibles al FOPO.

Imagina estar sujeto a una espiral de críticas —y elogios— de admiradores, los medios de comunicación y usuarios de redes sociales 24 horas al día, los siete días de la semana. Si eres una estrella de pop o una actriz, imagina tener que leer constantemente comentarios y opiniones sobre tu voz, tu apariencia y tus capacidades. ¿No te carcomería eso a ti también?

O imagina dedicar toda tu vida a llegar a la cima de tu deporte y darte cuenta de que la fascinación por el poder y la fama puede ser una trampa que te lleva a la soledad y la depresión.

O imagina que tu éxito en la vida se midiera por una métrica sencilla: las victorias. Esto puede ser particularmente difícil para los atletas olímpicos que se entrenan toda la vida para una sola prueba que, en algunos casos, dura menos de un minuto. Imagina llegar en cuarto lugar, a un parpadeo de entrar al podio.

También vemos esto en el mundo corporativo. Mientras más subes en el escalafón, más susceptible eres al escrutinio y a la opinión pública. Los líderes tienen el poder para tomar decisiones que impactan de manera significativa a las partes interesadas —empleados, clientes, accionistas y público en general— y es más probable que sus acciones y decisiones llamen la atención y las opiniones de estos grupos. La cobertura mediática amplifica aún más las opiniones públicas y ejerce una presión adicional sobre los líderes para manejar eficazmente su imagen pública. Esa es la razón por la que el liderazgo está plagado de FOPO.

Lo que quiero decir es que centrarse en lo externo —cosas que están más allá de nuestro control— es bastante común y no desaparece por arte de magia con el éxito.

Por ello es importante comenzar con el proceso y el trabajo mental de cambiar nuestro enfoque hacia lo que podemos controlar: nosotros mismos.

Ser maestros en cualquier área de la vida —las artes, los negocios, la paternidad, los deportes— requiere poder diferenciar lo que sí y lo que no está bajo nuestro control.

Cuando ponemos la atención en cosas fuera de nuestro control, le quitamos concentración y energía a lo que sí podemos controlar.

De ahí que la primera regla para ser maestros de nosotros mismos y lo que hacemos requiera mirar hacia adentro y comprometerse básicamente a trabajar para dominar lo que está 100% bajo nuestro control. No hay nada más que pueda dominarse. Esta es la esencia del camino.

Acercarse al FOPO

En los deportes de alto rendimiento, los atletas priorizan la conciencia y el desarrollo de habilidades psicológicas, de modo que cuando se enfrenten a un reto tengan herramientas internas para poder afrontar la experiencia con éxito. Ese mismo planteamiento se aplica a transformar nuestra relación con las opiniones y juicios percibidos de los demás.

La ambición de este libro es arrojar luz sobre un proceso psicológico que yace justo debajo de la superficie y transformarlo en tu mejor maestro. Usa el FOPO como una oportunidad. Comienza a identificarlo en tu vida. Usa tus reacciones como trampolín hacia una mejor comprensión de ti mismo. Reconoce cómo eliges pensar y comportarte en respuesta a los juicios percibidos de otros.

Cada capítulo proporciona un conocimiento o lección sobre cómo usar el FOPO para desbloquear tu potencial.

En lugar de huir del FOPO o ignorarlo, elige verlo como una oportunidad para aprender, un posible escalón para desbloquear tu potencial. Úsalo para descubrir aspectos de ti mismo que han permanecido ocultos. Cuando el FOPO se asome, acércate para descubrir qué hay debajo del miedo.

Por ejemplo, tienes una gran idea en una reunión con un cliente, pero no te atreves a expresarla. Averigua a qué se debe esto. ¿Quieres que la idea esté desarrollada por completo antes de atreverte a compartirla? ¿Te da miedo no poder expresarte con elocuencia? ¿Te preocupa que tu idea no sea bien recibida? Si este último es el caso, ¿qué pasaría si la gente no aceptara tu idea? ¿Significa eso que no eres competente? ¿O que no eres lo suficientemente bueno o buena? Sigue tirando de ese hilo para descubrir cuál es la raíz de tu miedo. ¿Cuál es la historia que te estás contando?

Tomar conciencia de nuestros miedos respecto a las opiniones de otros es el primer paso para liberarnos del poder que ejercen sobre nosotros. La toma de conciencia como punto de partida para el cambio no es una idea novedosa. Cada libro de desarrollo personal, cada propósito de Año Nuevo, cada programa de 12 pasos se basa en la toma de conciencia. No podemos ni siquiera plantearnos el cambio a menos que seamos conscientes del reto que queremos atender.

Pero la toma de conciencia es apenas el primer paso. Esta debe ir acompañada del desarrollo de habilidades psicológicas. Alguien podría tener un ataque de pánico y estar completamente consciente de que sus pensamientos lo están provocando, pero carecer de las habilidades necesarias para trabajar con esos pensamientos.

Lauren es un ejemplo excelente. No permitió que el FOPO dictara el curso de su vida. Con un año de retraso debido a la pandemia, fue a Tokio con la selección nacional de Canadá en 2021, y a los 39 años subió al podio olímpico con una medalla de bronce en la mano.

Pero Lauren no olvidó que su sueño podría haber fracasado fácilmente:

> El FOPO… Es real.
> Y casi dejo que se interponga en mi camino.
> Gracias al cielo que no lo hice.
> Gracias al cielo que tuve la seguridad de escucharme a mí misma.
> Así que pregúntate a ti mismo…
> ¿Te está frenando el FOPO?[5]

1

El secreto de Beethoven

Un artista nunca debe ser prisionero de sí mismo, prisionero de un estilo, prisionero de una reputación, prisionero del éxito.

Henri Matisse

Nadie es inmune al FOPO, ni tú ni yo, ni los atletas de talla mundial. Incluso los artistas de renombre, como uno de los compositores más prolíficos y grandiosos de todos los tiempos, se ven atrapados por el poder del FOPO.

Pero solo después de confrontar las fuerzas del FOPO podremos realmente avanzar en el camino hacia la maestría de nosotros mismos y lo que hacemos.

Pensemos en Beethoven.

Para mucha gente, parecía un recipiente elegido por Dios para canalizar la música desde un plano superior. Su obra transformó todos los géneros de la música clásica. Rompió todas las reglas para crear algunas de las piezas musicales más trascendentes conocidas por el mundo. Encarnó la idea del genio creativo que se rebeló contra la convención y forjó su propia senda artística.

A pesar de ser uno de los artistas más intrépidos que hayan pisado el planeta, Beethoven vivió durante tres años con el miedo abyecto a las opiniones de los demás.

Cerca de la cúspide de su carrera, Beethoven se esfumó de la vida pública. Guardaba un secreto que creía que, si se revelaba, destruiría su vida profesional. El arquetipo de artista creativo, a todas luces nacido para luchar contra el destino y las injusticias del mundo, eligió aislarse socialmente en lugar de pronunciar en voz alta dos palabras:

«Estoy sordo».

Beethoven comenzó a perder audición a mitad de sus años veinte. La cruel ironía de perder el sentido más relevante para su arte y sustento lo orilló a una búsqueda inútil de curas, que iban desde tapones de aceite de almendra para los oídos hasta baños a base de corteza de árbol tóxico. Durante esos primeros años, no habló de su deterioro auditivo con nadie fuera de la comunidad médica. Mientras que externamente la sociedad comenzaba a celebrarlo cada vez más, él estaba solo, atrapado dentro de un mundo con sus propios pensamientos y sentimientos angustiantes.

Para ocultar su pérdida de audición, se escudaba en la imagen del genio artista cuyo cerebro estaba absorto en otras actividades intelectuales. Cuando no podía oír lo que alguien decía o un sonido al que se refería, la otra persona asumía (por influencia de Beethoven) que era debido a la falta de atención o al olvido: «Es sorprendente que algunas personas nunca notaran mi sordera, pero como siempre he sido proclive a arranques de distracción, atribuyen mi dificultad de oír a eso. Otras veces apenas puedo oír a una persona que habla en voz baja; puedo escuchar sonidos, sí, pero no puedo distinguir las palabras. Pero si alguien grita, no lo soporto. Solo Dios sabe qué será de mí».[1]

Beethoven estaba profundamente preocupado por el impacto que su pérdida de audición tendría en su música, sobre todo en su capacidad para tocar el piano, pero la percepción pública constituía una amenaza igualmente poderosa. «Si perteneciera a cualquier otra profesión sería más fácil, pero en la mía es un estado terrible, máxime teniendo en cuenta que mis enemigos, que no son pocos, ¿qué dirían?».[2] Temía que sus detractores usaran la revelación en su contra. Le preocupaba que sus críticas llevaran a discriminarlo y a excluirlo de los círculos musicales vieneses, a los que había entrado con tanto trabajo. Beethoven, como otros artistas de la época, dependía del mecenazgo aristócrata. Superar el estigma podría ser una batalla más dura que la propia pérdida de audición.

Pero la mayor amenaza de todas puede haber sido para la identidad de Beethoven. «Ah, cómo podría admitir tal aflicción en el único sentido que debería haber sido más perfecto en mí que en otros, un sentido que alguna vez poseí en su máxima perfección, una perfección tal que seguramente pocos en mi profesión disfrutan o han disfrutado», le escribió a su hermano.[3]

Era Beethoven, el dios de la música y se supone que los dioses de la música deben escucharla mejor que los mortales. Su pérdida auditiva no se ajustaba a la idea que tenía de sí mismo ni a la imagen pública que proyectaba. Tenía una identidad rígida —condicionada por la aprobación y los elogios de los demás—, que era tan real e inmutable para él como su piel y sus huesos. Como se refleja en una carta a su generoso benefactor, el príncipe Lichnowsky, su identidad rozaba la construcción del mito: «¡Príncipe! Lo que usted es, lo es por circunstancia y nacimiento. Lo que yo soy, lo soy por mí mismo. De príncipes ha habido y habrá miles. De Beethóvenes solo hay uno».[4]

Beethoven respondía como la mayoría de nosotros cuando sentimos que nuestra supervivencia se ve amenazada. Intentó protegerse. En lugar de mirar hacia adentro y alterar la forma en que se veía a sí mismo, miró hacia afuera e intentó conformar la realidad externa a su percepción de sí mismo.

Beethoven pagó un precio exorbitante por construir una realidad que mantuviera a raya las opiniones de otra gente. A menudo no podía escuchar a las personas hablar, pero temía pedirles que hablaran más fuerte por miedo a que lo descubrieran.

Representó el papel del misántropo para mantener oculto su secreto. Pasó varios años aislado de la sociedad, solo en su sordera, incluso contemplando el suicidio.

Problemas con papá

Desde muy temprana edad, Beethoven fue condicionado a creer que las opiniones externas importaban. Su padre, Johann, un tenor mediocre cuyas aspiraciones musicales se vieron frustradas por el alcoholismo, intentó cumplir sus sueños a través de su hijo. Se designó a sí mismo instructor de Beethoven, y abusó física y verbalmente de él para presionarlo más. Lo mantenía a raya con gritos, amenazas y palizas, llegando incluso a encerrarlo en el sótano.[5] En una ocasión, al volver de una noche de fiesta con amigos, Johann hizo que Beethoven se parara en un banco para alcanzar las teclas del piano y tocar para sus amigos, golpeándolo cada que fallaba una nota.

A medida que el talento del joven Beethoven se hacía más evidente, Johann se propuso convertirlo en la próxima sensación musical de Europa. Johann representó el papel de papá de farándula del siglo XVIII, un vendedor que promovía a Beethoven en todos los círculos musicales de Bonn, Alemania. Cuando Beethoven tenía siete años, su padre mentía y le quitaba un año a su edad para que se ajustara más al arquetipo de niño prodigio. Rentó una sala en Colonia y publicó un anuncio en el periódico local, anunciando a su «pequeño hijo de seis años» que ya había tenido el honor de tocar para la corte.[6] Desde pequeño, Beethoven recibió el mensaje nada sutil de «no eres suficiente así como eres».

Desde muy temprano, Beethoven reconoció que su ascenso en el mundo musical de la Viena del siglo XIX estaría directamente relacionado con el estatus y la opinión de los que lo admiraban. En un nivel más profundo, experimentó de primera mano que la aprobación y el amor eran una respuesta al desempeño y los logros. Las acciones de su padre enviaron el claro mensaje de que Beethoven no era amado por lo que era, sino por lo que hacía. La fusión de amor y aprobación con frecuencia crea un patrón de búsqueda de aprobación más adelante en la vida, y los reflectores alimentaron el sentido de sí mismo de Beethoven.

Santuario

Beethoven tenía un lugar al que podía ir que era impenetrable para las opiniones de los demás, inhóspito para las dudas de sí mismo y más allá del alcance de los mecenas aristócratas que le brindaban el sustento económico para su música: su mundo interior.

Beethoven desarrolló la capacidad de sumergirse por completo en su música y desaparecer dentro de sí mismo, ajeno a lo que lo rodeaba y sin ningún sentido de autoconciencia. Podía estar en cualquier parte, haciendo apuntes en sus libretas o improvisando entre una gran multitud.

Una amiga de la infancia recordó uno de esos momentos. Ella estaba hablando con Beethoven, pero él parecía ausente, incapaz de escucharla. Cuando por fin volvió en sí, respondió: «¡Ay, no, por favor, perdóname! Estaba ocupado con un pensamiento tan hermoso y profundo que no podía ser molestado».[7] El biógrafo Jan Swafford lo describió como un «trance» en el que «hallaba la soledad incluso acompañado».[8] Un amigo de la familia que fue esencial en la formación de la carrera inicial de Beethoven dio un nombre a ese estado mental: «rapto».[9] El rapto de Beethoven se volvió una leyenda entre los que formaban parte de su círculo íntimo. Cuando se ausentaba, no era raro escuchar: «Otra vez tiene su rapto hoy».[10]

Con sus raptos, Beethoven desarrolló un conjunto de habilidades internas que le permitían centrarse en su música y bloquear las distracciones internas y externas. Podía ir a un lugar donde las opiniones de los demás no importaban. Se sentía cómodo al aventurarse dentro de su propia cueva porque sabía cómo estar consigo mismo. Sabía cómo escuchar su propia música.

El reto era cuando emergía del rapto y regresaba al juego de la aprobación.

Enfrentar el FOPO

Beethoven llegó a un punto en el que resultaba imposible ocultar su sordera. Describió su dilema en una carta sincera y angustiosa que les escribió a sus hermanos el 6 de octubre de 1802, conocida como el testamento de Heiligenstadt.[11]

> Oh, hombres que piensan o dicen que soy malévolo, terco o misántropo, cuán gravemente me dañan. Desconocen la causa secreta que me hace parecerles así [...]. Perdónenme cuando me vean alejarme cuando gustosamente me les uniría: [...] Debo vivir como en un exilio, si me acerco a la gente me invade un terror ardiente, un miedo a que me sometan al peligro de permitir que se observe mi condición [...] qué humillación para mí cuando alguien que estaba a mi lado escuchó una flauta a la distancia y yo no oí nada, o alguien que estaba a mi lado escuchó cantar a un pastor y de nuevo yo no oí nada. Tales incidentes me condujeron casi a la desesperación; un poco más de eso y habría acabado con mi vida.

La versión romántica del cambio es que observamos una alteración en nuestras condiciones físicas, psicológicas o ambientales y reconocemos que necesitamos hacer un cambio. Confrontamos el desafío. Asumimos el riesgo, hacemos el cambio y cosechamos sus frutos.

Por desgracia, eso es más la excepción que la regla. Los patrones y comportamientos profundamente arraigados dificultan el cambio. Sabemos que debemos cambiar, pero con frecuencia no lo hacemos hasta que tenemos que hacerlo. Tocamos fondo. O el dolor se vuelve intolerable. Nos vemos obligados a reexaminar nuestra forma de actuar en el mundo.

En mi experiencia, el dolor es casi siempre lo que nos hace cambiar. Ciertamente ese fue el caso de Beethoven.

El testamento de Heiligenstadt es Beethoven tocando fondo, pero también marcó un cambio fundamental en la relación de Beethoven con la aprobación y la aceptación social y, no es ninguna coincidencia, abrió las compuertas a uno de los mayores estallidos creativos de la historia de la humanidad. Después de explicar con lujo de detalle su desesperanza, Beethoven aceptó su sordera como una parte de sí mismo y decidió desarrollar por completo sus capacidades artísticas sin importar el costo: «Habría acabado con mi vida, lo único que me retuvo fue el arte, pues me parecía imposible abandonar el mundo hasta que hubiera producido todo lo que me sentía impelido a producir [...]. La paciencia, dicen, es lo que ahora debo elegir como guía, y así lo he hecho».

Beethoven decidió exponer su mayor miedo, y al hacerlo se liberó de las garras paralizantes del FOPO. «Todo lo maligno es misterioso y parece mayor cuando se contempla en soledad», escribió. «Al hablarlo con otros parece más soportable porque uno se familiariza por completo con aquello que tememos, y siente que lo ha superado».[12] En lugar de destruir su vida, admitir su problema lo liberó en formas que eran inimaginables. Al ya no intentar controlar las percepciones que los demás tenían de él, recuperó el control de su vida.

El camino hacia nuestra maestría

Cuando Beethoven dejó de preocuparse por lo que otros pensaban de él, pasó de interpretar para el mundo exterior a interpretar desde el mundo interior. Cuando adoptó la primera regla, se adentró en el camino hacia su propia maestría.

La maestría de nosotros y lo que hacemos es una vida dirigida al interior, pero expresada externamente. Sin una línea de meta que cruzar, la maestría es una aventura amorosa con la experiencia, la honestidad, la verdad y la exploración continua. Uno no puede adentrarse en el camino hacia su propia maestría hasta que no hace el compromiso fundamental de trabajar desde adentro hacia afuera.

La excelencia técnica por sí sola no es suficiente para recorrer el camino hacia nuestra maestría. Si no creas desde un lugar que esté alineado con lo que eres, solamente eres un gran intérprete, no un maestro. Si tu orientación es medir la temperatura del mundo que te rodea antes de alimentar el fuego en tu interior, nunca liberarás tu potencial.

La maestría no es comparativa. Si el Beethoven de antes del testamento de Heiligenstadt se hubiera comparado con los grandes compositores que lo precedieron, es probable que el consenso hubiera sido que era un maestro. Pero comparar la maestría de Beethoven con la de Bach o Mozart carece de sentido.

La vara fundamental para medir nuestra maestría es eso en lo que cada uno de nosotros, a nivel individual, es capaz de convertirse, y no sabremos cómo se ve hasta que adoptemos la primera regla de nuestra maestría.

Mientras más valoramos las cosas fuera de nuestro control, menos control tenemos

Beethoven dejó de malgastar sus recursos internos intentando influir en condiciones sobre las que no tenía completo control y dominó lo que sí estaba bajo su control.

Renunció a su carrera como pianista virtuoso para enfocarse en componer. Cuando Beethoven soltó a quien pensaba que tenía que ser, se volvió lo que era completamente capaz de ser. Creó un mundo sonoro diferente a todo lo que se había escuchado hasta entonces.

Cerca del final de su vida, el Beethoven sordo escribió su última sinfonía, uno de los mayores logros de la historia de la música. En su primera interpretación sobre un escenario en más de una década, Beethoven «dirigió» a la orquesta en el estreno de la *Novena sinfonía* en el Teatro de la Kärtnertor de Viena el 7 de mayo de 1824. Debido a su sordera, los músicos habían recibido instrucciones de seguir al verdadero director, Michael Umhauf. Pero Beethoven no pudo resistirse a mostrarles a los músicos el estilo y la energía que deseaba en la pieza, y se entregó animadamente a la música y a una orquesta que para él carecía de sonido.[13] Al final del concierto, Beethoven permaneció de cara a la orquesta y no pudo escuchar al público a sus espaldas. La contralto tocó suavemente a Beethoven y le dio la vuelta hacia la multitud para que presenciara sus estruendosos aplausos y el mar de pañuelos y sombreros ondeando en el aire.

A menudo intentamos controlar las opiniones de otros y lo que piensan de nosotros, pero, irónicamente, en el deseo de aprobación renunciamos al control de nuestras propias vidas. Como dijo Lao-Tse, el filósofo y reputado autor del *Tao Te King* y fundador del taoísmo: «Preocúpate por lo que otros piensen y siempre serás su prisionero».

De la idea a la acción

Hagamos un ejercicio para tener claras las cosas que realmente controlamos. Puedes visualizar lo que digo o puedes sacar pluma y papel y escribirlo (véase fig. 1.1).

Dibuja un círculo grande y un círculo interior más pequeño, que casi parezca una dona. En el círculo exterior enlista todas las cosas que importan en la vida, pero sobre las que no tienes el 100% de control. Comienza por las opiniones de otras personas, ya que está muy claro que no podemos controlarlas. Agrega cosas como el clima. Los equipos deportivos que te importan. Los jefes. Las condiciones del mercado. El ambiente laboral. Es una lista larga.

FIGURA 1.1

Lo que está bajo su control y lo que no

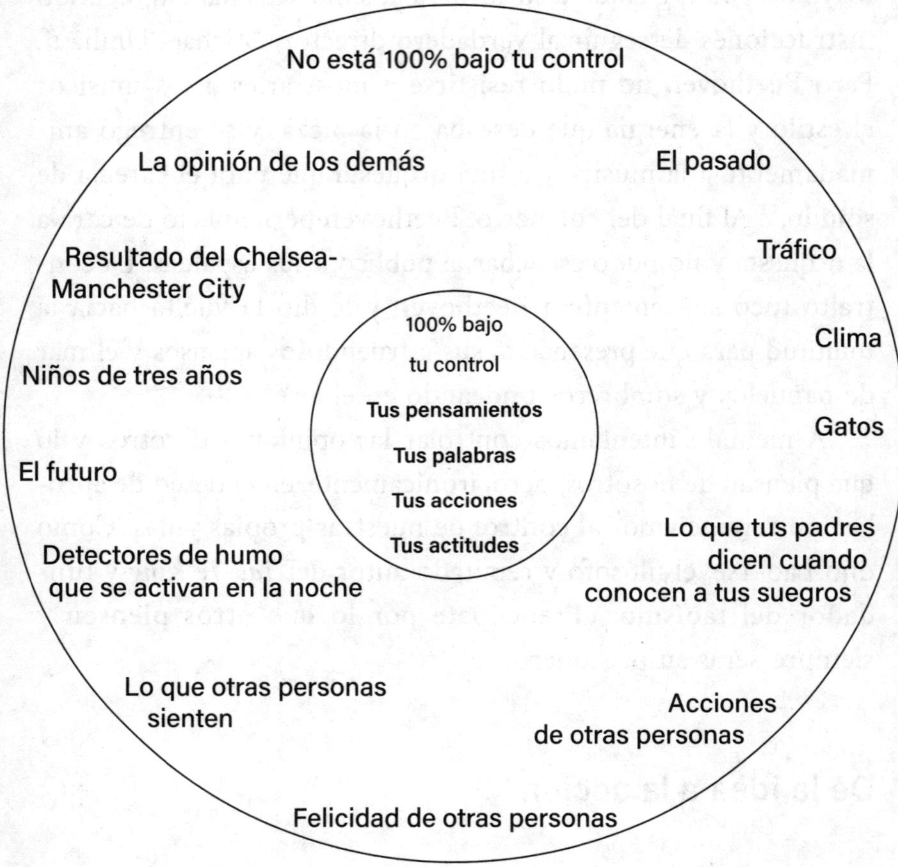

En el círculo más pequeño, enlista las cosas que están al 100% bajo tu control, cosas como la hora a la que llegas al trabajo. Cómo te comunicas con tus hijos. Tu esfuerzo en la cancha de juego.

Y bien, ¿cuál es tu capacidad para controlar el 100% de las cosas? ¿Qué no está en tu control?

PRIMERA PARTE

DESENMASCARAR

2

La mecánica del FOPO

La opinión está determinada en última instancia
por los sentimientos y no por el intelecto.

HERBERT SPENCER

Tuve una conversación con Moby, el músico visionario y ganador del Grammy, en la que me describió la intoxicación que produce recibir validación externa:

> Me vi en la portada de una revista en mis comienzos como músico y pensé: «Dios mío, esto es la validación. Esto es el amor. La gente me conoce. O sea que tengo un significado. Les importo. Son amables conmigo. Tengo amigos que nunca he conocido». Y así me pasé los siguientes quince años obsesionado con lo que la gente decía de mí porque, por un minuto, fue realmente bueno. Quiero decir que suena como si también estuviera describiendo el alcohol y las drogas. Como al principio: «¿A poco no es genial esto...? La respuesta a todos mis problemas». Y después, poco a poco te das cuenta de que te está destruyendo.[1]

Moby es un poco filósofo-músico y el paso del tiempo le dio una visión clara de la dinámica del juego de la opinión. En vez de seguir reaccionando al mundo exterior, Moby dio un giro:

> He estado viviendo en la mirada del público por bastante tiempo, y no le pongo atención a cómo alguien podría etiquetarme. Dejé de leer los comentarios en las redes sociales. Dejé de leer reseñas. Hace tiempo que dejé de ver entrevistas que me hicieron porque

> finalmente me pareció ilógico. Espero que esto sea útil para cualquiera que esté escuchando: piensa en lo extraño que es que entreguemos nuestro sentido de nosotros mismos —que entreguemos nuestro estado emocional— a extraños, a personas que nunca hemos conocido y a personas que podrían ser simplemente *bots* en granjas de *trolls* de Macedonia... Hace un tiempo me di cuenta de que no puedo estar calmado y cuerdo si constantemente me destrozan las opiniones de gente que no conozco.

Moby se desconectó de las opiniones de personas que no conocía y que no lo conocían a él. «No puedo tomármelo como algo personal porque no están respondiendo a una persona. Están respondiendo a una foto, a una imagen o a una idea».

Como lo reconoció Moby, hay un espacio, o una brecha, entre cualquier estímulo y nuestra respuesta.[2] Uno de los grandes privilegios del ser humano es que, dentro de ese espacio, tenemos la libertad y el poder de elegir cómo respondemos. Aunque quizá no tengamos control sobre los acontecimientos que ocurren en nuestras vidas, sí lo tenemos sobre nuestras reacciones y actitudes frente a ellos. Al elegir conscientemente nuestra respuesta, podemos liberarnos de patrones automáticos, hábitos y comportamientos condicionados.

Al principio, Moby sentía que su experiencia era «algo que solo afectaba a figuras públicas» como «atletas profesionales o actores o músicos o políticos, pero ahora es literalmente todo aquel que tenga un teléfono y una cuenta en las redes sociales». Tal y como él lo describió, «todo el mundo es una figura pública. El tipo que trabaja en mi supermercado local, guardando cosas en las bolsas, es una figura pública porque tiene una cuenta de Instagram. Puede que tenga veinte seguidores, [pero] eso es público».

Voltear hacia la opinión pública para ver si estamos bien, o para medir nuestro valor social, es un fenómeno cada vez más común en la era digital, pero las masas pueden ser un criterio realmente peligroso.

Un medidor interno

Nos inclinamos de modo inherente a formar y mantener relaciones con otras personas. La sociabilidad es una característica presente en todas las culturas y es un aspecto definitorio de lo que significa ser humanos. Desde una perspectiva evolutiva, los humanos siempre han vivido en grupos para protegerse de los depredadores y tener acceso a recursos. Pero nuestra naturaleza social está impulsada por algo más que necesidades pragmáticas de supervivencia. Tenemos un deseo natural de conexión y pertenencia que es crucial para nuestra salud mental y emocional. Tenemos una necesidad fundamental de sentirnos amados, aceptados y valorados por otros, y a menudo buscamos relaciones que desencadenen estos sentimientos.

Y como nuestra supervivencia y reproducción dependen esencialmente de nuestras relaciones sociales, tenemos que ser capaces de evaluar si encajamos en el tejido social y cómo lo hacemos.

Puede que el doctor Mark Leary, psicólogo y neurocientífico de la Universidad de Duke, haya identificado ese mecanismo. Al investigar sobre el rechazo, Leary halló que la autoestima de las personas aumenta cuando se sienten aceptadas y se desploma cuando se sienten rechazadas. Pero descubrir eso no tenía ningún sentido para Leary, porque la autoestima era ampliamente considerada como una autoevaluación privada de la sensación general de felicidad con lo que uno es. En teoría, nuestra autoestima debería ser independiente de cómo nos trata otra gente.

Leary se adentró en el tema para entender por qué estamos construidos así. ¿Por qué nuestra autoestima es tan sensible a la aceptación o al rechazo? Su investigación, que duró décadas, derrocó la perspectiva comúnmente aceptada de la autoestima. Según Leary, la autoestima, más que reflejar la consideración que tenemos de nosotros mismos, proporciona «retroalimentación continua sobre dónde estamos ante la mirada de otros».[3] Leary plantea que se trata de un medidor interno, o indicador, que nos avisa, en tiempo real, cómo nos consideran otros.

Desde una perspectiva evolutiva, la autoestima se ha desarrollado como un mecanismo de monitoreo para la calidad de nuestras relaciones. El sistema monitorea las reacciones de otras personas ante nuestras conductas y envía una alarma que nos alerta de cualquier cambio posible en nuestro estatus de inclusión. El sistema de monitoreo en general opera de manera inconsciente hasta que detecta que nuestro valor relacional cae o está bajo. Cuando suena la alarma, la amenaza a nuestros vínculos sociales entra en la conciencia alertada y evaluamos la situación. *¿Estoy siendo aceptado o me están expulsando? ¿Necesito ajustar mis conductas para arreglar la relación?*

Con un sentido así de alto para la supervivencia entrelazado con las relaciones, tiene sentido que la forma en que movilizamos nuestros recursos internos respecto a las relaciones esté altamente interconectada en nuestro cerebro y nuestro cuerpo. También tiene sentido que desarrollemos mecanismos específicos para minimizar el rechazo y aumentar la aceptación. La continua vigilancia es normal, forma parte del ser humano. Todos tenemos un proceso interpersonal de búsqueda de señales en el medio ambiente para evaluar nuestro valor en la estructura social.

Lo que tiene menos sentido es el FOPO.

Si el sociómetro de Leary es el medidor saludable con el que nos ajustamos a nuestras relaciones sociales, el FOPO es su sombra, su yo mal adaptado.

En lugar de calibrar la retroalimentación que recibimos de otros con nuestro sentido del yo, permitimos que otros determinen nuestro valor. Con el FOPO, sobrevaloramos la opinión de otros por reflejo. De manera peligrosa cedemos el valor que tenemos en una relación a la otra persona. Al permitir que otros nos asignen un valor, nos hallamos, a nivel biológico, continuamente angustiados con nuestra propia supervivencia.

Definir las características del FOPO

El FOPO es un mecanismo *anticipatorio* que implica una activación psicológica, fisiológica y física para evitar el rechazo y fomentar la conexión interpersonal. Es un proceso preventivo para aumentar la aceptación relacional y evitar el rechazo. En vez de: «Ay, mejor lo corrijo con base en retroalimentación real de un acontecimiento y mi propia perspectiva», el FOPO intenta asomarse en cada esquina: «Ay, mejor corrijo el rumbo antes de recibir cualquier dato de confirmación y solo me baso en lo que imagino que podría pasar».

El FOPO también está caracterizado por una disposición social hipervigilante, que revisa y examina incesantemente en busca de aprobación. Al sobrevalorar lo que otros *podrían* estar pensando, nos volvemos muy sensibles a las señales de posible rechazo.

El FOPO es un intento exhaustivo de interpretar lo que otros piensan en un esfuerzo por evitar una evaluación negativa de su parte. No es la opinión negativa en sí lo que es tan problemático, sino el miedo a esa opinión. Intentamos prevenir una opinión negativa al interpretar constantemente las pistas de nuestro ambiente. Leemos de forma visual el lenguaje corporal, las microexpresiones, las palabras, el silencio, las acciones y las inacciones.

El FOPO depende de las relaciones interpersonales, pero es una experiencia intrapersonal. Es un pensamiento, sentimiento o percepción que tiene lugar dentro de un individuo (intradependiente), pero la experiencia la impulsan las preocupaciones del individuo sobre cómo lo perciben otros o cómo esos otros recibirán sus acciones o elecciones (interdependiente).

El FOPO es un filtro latente para tomar decisiones, influyendo en cómo pensamos, hablamos y actuamos. Puede llevar a las personas a tomar decisiones o emprender acciones que creen que serán más aceptables socialmente o con menos probabilidades de ser criticadas por otros, en lugar de tomar decisiones con base en sus propios valores o preferencias personales.

El FOPO es un patrón no clínico para evitar opiniones desfavorables de otros. Aunque el FOPO no cumple los criterios para un diagnóstico clínico, sí genera una aflicción importante.

Al igual que las aplicaciones que se ejecutan silenciosamente en segundo plano en una computadora y consumen memoria, capacidad de procesamiento y batería, y en última instancia disminuyen el desempeño, el FOPO consume muchos de nuestros recursos internos. Controlar la narrativa, manejar la percepción de los demás, suprimir nuestras propias opiniones, pedir disculpas por todo, estar de acuerdo con otros para evitar parecer desagradable, hacer demasiado para complacer, recurrir al humor autodespectivo para minimizar nuestras fortalezas y rasgos positivos, ajustarnos y conformarnos, sobrecompensar las deficiencias percibidas, buscar validación, el aumento del ritmo cardiaco, la tensión muscular, el nerviosismo: el FOPO agota nuestro sistema.

El circuito del FOPO

Imagina que estás solo con tu jefe, en una presentación importante con un cliente o en una primera cita. Si te da un episodio grave de FOPO —y todos hemos estado en esa situación—, probablemente no podrás escuchar con atención y vivir el flujo de la conversación.

¿Por qué? Porque el FOPO evoca un ciclo psicológico y conductual circular que se clasifica por una serie de condiciones que se dan antes (anticipación), durante (revisión) y después de un encuentro interpersonal (respuesta) (véase fig. 2.1).

FIGURA 2.1
Fases del FOPO

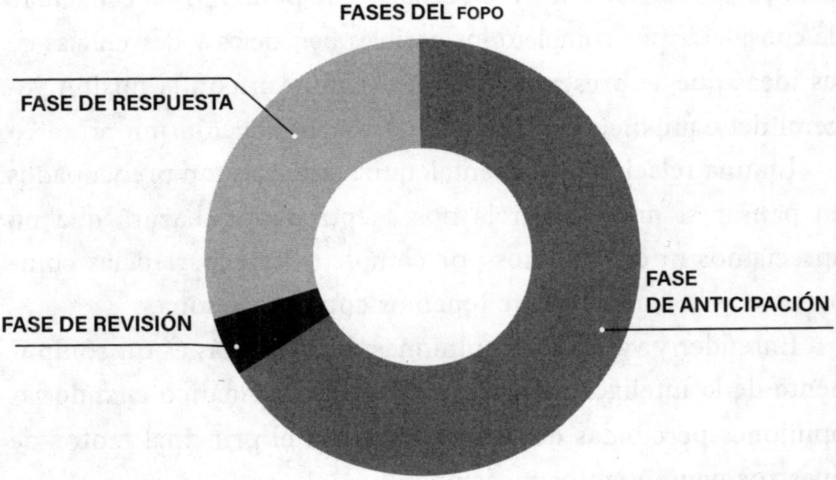

Fase de anticipación

En esta fase, los individuos que experimentan FOPO se quedan absortos al imaginarse escenarios que miden la probabilidad de aceptación o rechazo de otros. Frecuentemente se hacen preguntas como «¿Me aceptarán si...?» o «¿Qué pensarán de mí si...?». Las personas usan su imaginación para contemplar cómo otros los van a percibir y aceptar. Se enfocan menos en la experiencia y en vez de eso perseveran en cómo la otra persona puede o no sentirse respecto a ellos. En esa interacción, el problema que intentan resolver es la aprobación o el rechazo, y no la experiencia social compartida.

Aunque es natural que la gente se quiera sentir valorada y aceptada por otros —la aprobación de nuestros supervisores tiene un gran impacto en nuestras carreras—, la preocupación por las opiniones percibidas de otros puede debilitar interacciones significativas. Como consecuencia, nuestro entusiasmo, curiosidad y apertura a nuevas ideas se ven aplastadas.

En una reunión de negocios, podemos estar tan enfocados en nuestra propia aceptación o rechazo que perdemos la capacidad de considerar por completo los posibles beneficios y desventajas de las ideas que se presentan y cómo se alinean con la misión general del equipo.

En una relación sentimental, quizá estemos tan preocupados en pensar si nuestra pareja nos aceptará o rechazará que no apreciamos ni disfrutamos por completo las experiencias compartidas y la conexión que tenemos con esa persona.

Entender y valorar las opiniones de los demás es un componente de la inteligencia social, pero es problemático cuando las opiniones percibidas de otros se vuelven el principal motor de nuestros pensamientos y acciones.

En lugar de usar nuestra imaginación con fines creativos, productivos o satisfactorios, la dirigimos hacia algo que escapa por completo de nuestro control.

El costo en términos de atención de la fase anticipatoria del FOPO es significativo. Para ser buenos en cualquier cosa en la vida, necesitamos dirigir la atención al momento presente.

La reflexión persistente del FOPO absorbe recursos de la capacidad de sostener una concentración profunda en la tarea actual (lo cual se requiere para el crecimiento y la mejora), inhibe nuestra capacidad de asimilar información e ideas nuevas y crea una carga sobre la energía humana que, a su vez, necesita aún más tiempo de recuperación.

El FOPO evoca un ciclo psicológico y conductual circular que puede clasificarse por una serie de condiciones que se dan: *a*) antes de un evento; *b*) durante un evento; y *c*) después de un evento (véase fig. 2.2).

FIGURA 2.2

Accesos al FOPO

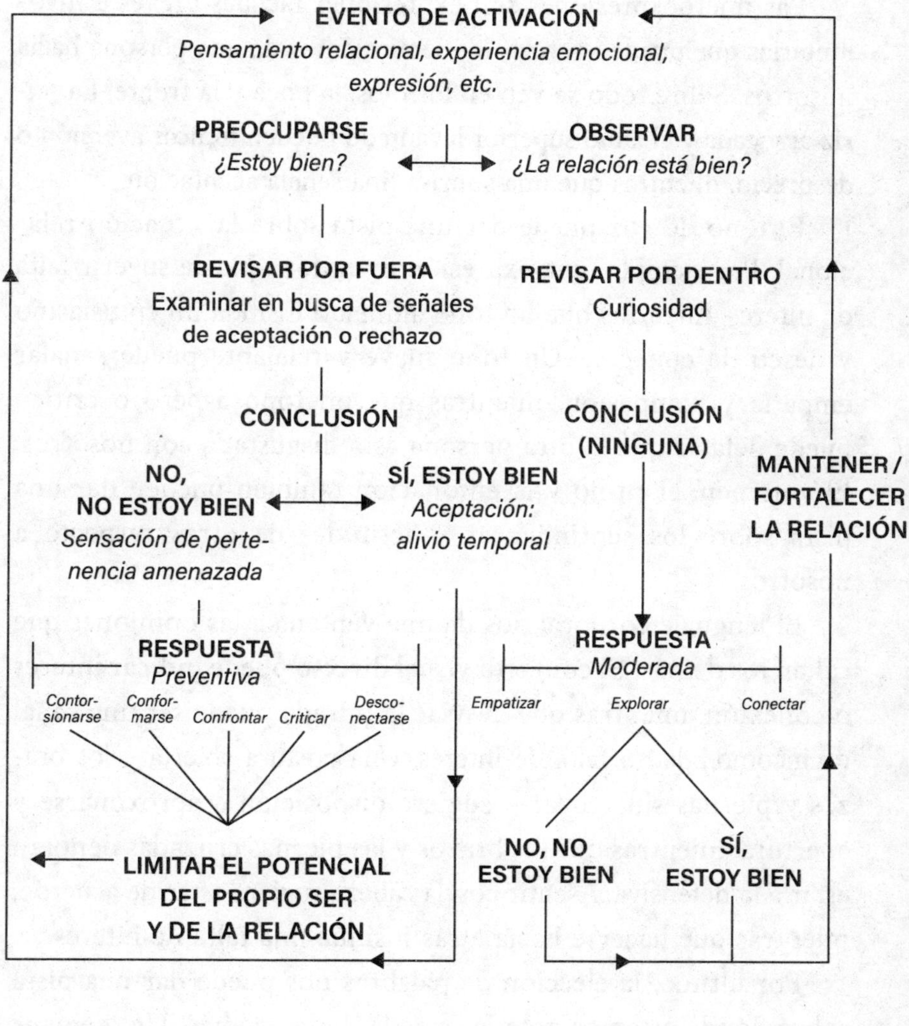

Fase de revisión

En esta fase, que sucede durante la interacción en sí, los individuos examinan sin cesar en busca de señales externas de aceptación o rechazo. Estas señales incluyen microexpresiones, tono de voz, lenguaje corporal y señales no verbales. Este monitoreo constante puede ser agotador y evitar que los individuos participen por completo en la interacción y disfruten de la experiencia.

Las microexpresiones son expresiones faciales breves e involuntarias que pueden revelar los sentimientos de una persona hacia nosotros. Sobre todo se ven en los ojos, la boca y la frente. La nariz arrugada y el labio superior levantado pueden indicar aversión o desprecio, mientras que una sonrisa fina señala aceptación.

El tono de voz puede dar una pista sobre la situación relacional. Por ejemplo, una expresión monótona puede sugerir falta de interés, mientras que un tono animado insinúa un entusiasmo y deseo de conectar. Un tono suave y relajante puede señalar empatía y compasión, mientras que un tono áspero o crítico puede delatar que la otra persona está disgustada con nosotros. El volumen, el ritmo y la entonación también pueden dar una pista sobre los sentimientos y actitudes de otros respecto a nosotros.

El lenguaje corporal nos da una ventana a las opiniones que callan los demás. El contacto visual directo puede indicar interés o conexión, mientras que desviar la mirada puede ser una señal de incomodidad o falta de interés. Una postura abierta —los brazos y piernas sin cruzar— sugiere disposición a aproximarse y apertura, mientras que los brazos y las piernas cruzadas denotan estar a la defensiva. Asentir con la cabeza sugiere estar de acuerdo, mientras que hacerse hacia atrás insinúa una falta de interés.

Por último, la elección de palabras nos puede dar una pista sobre dónde estamos ante la mirada de los demás. Un lenguaje incluyente, como decir «nosotros» o «a nosotros», connota aceptación o ser parte de un equipo, mientras que «ellos» o «a ellos» está centrado en otros y sugiere exclusión. Usar tu nombre también puede indicar que te ven y reconocen, mientras que llamarte «Dave» cuando tu nombre es Mike puede ser un presagio de que no te valoran mucho.

De manera muy similar a la fase de anticipación, hay un alto costo en términos de atención al examinar en busca de señales durante la fase de revisión. Si estás hiperenfocado en las microexpresiones, la voz, el lenguaje corporal y las palabras de alguien, buscando señales de cómo se sienten respecto a ti, es muy probable que se te pasen de largo aspectos importantes de la interacción, lo que limita las posibilidades de una conexión y contacto más profundos. La búsqueda dañina de señales e indicios también se vuelve un obstáculo para que contribuyas con todos tus conocimientos, habilidades e ideas, y limita tu capacidad para comunicarte con efectividad. Es como curiosear cuando pasas por un accidente en la carretera.

Sí, puedes ver el choque y seguir tu camino, pero técnicamente solo puedes poner atención a una cosa a la vez. O estás viendo el accidente o estás viendo hacia donde quieres ir. La atención es un juego que suma cero. El tiempo que pasas haciendo esa revisión es tiempo que le restas a la experiencia real.

Cómo leemos e interpretamos esas señales no es una ciencia exacta. En el mejor de los casos, es una ciencia inexacta basada en estados de ánimo, experiencias de la primera infancia, esquemas mentales no entrenados, sesgos cognitivos y diferencias culturales. Y, como veremos más adelante, nuestra capacidad para leer estas señales no es tan buena. A menudo nos equivocamos.

Así que desperdiciamos mucho tiempo y recursos en algo en lo que, para comenzar, no somos muy buenos.

Fase de respuesta

La última fase es cómo reaccionamos después de incorporar las señales percibidas. «¿"Estoy bien" con la otra persona? ¿Me siento aceptado?». Si la respuesta es «Sí», el ciclo del FOPO termina cuando hay un estímulo nuevo. El alivio temporal está al alcance de la mano. Si la respuesta es «No» o «No estoy seguro», una persona con FOPO responde de una de estas cinco maneras.

Te contorsionas de múltiples formas para poder encajar. Sacrificas tu expresión auténtica en el altar de la aprobación. Te retuerces hasta adoptar una forma que parece socialmente aceptable, pero es una actuación en su naturaleza. La respuesta no representa tu yo auténtico. Contorsionarse crea un alivio temporal, pero te deja con una sensación de desconexión con los demás. Como no compartes tu verdadero yo, nunca te sientes conectado, entendido o acogido, ni tampoco te vuelves un miembro confiable de la comunidad. Al fingir que eres alguien que no eres, sientes constantemente la presión de mantener la apariencia. Esto puede intensificar los sentimientos de inseguridad y miedo a la exposición.

La segunda respuesta común es conformarse a las normas sociales percibidas. Alineamos nuestra conducta y actitudes con las del individuo, grupo o sociedad. Esto puede generar un sentimiento de aceptación y pertenencia, pero limita nuestra capacidad de pensar y actuar con independencia. Evitamos expresar opiniones contrarias. Fingimos que nos gusta o no nos gusta una película, una canción o una actividad para reflejar la opinión predominante de un individuo o grupo. Le seguimos la corriente a una acción o decisión aun si estamos personalmente en desacuerdo con ella. Fingimos tener las mismas creencias u opiniones políticas. Ajustarnos a las normas sociales puede provocar ansiedad, depresión y otros problemas de salud mental.

La confrontación es una tercera respuesta. Puede que iniciemos un conflicto para ver cómo reaccionan los demás y así medir si un grupo o persona nos acepta o rechaza. Si obtenemos mucha atención, podríamos usar eso como indicador de que le importamos a la otra persona, a los otros. Si nos critican, podríamos pasar al ataque. Un enfoque confrontativo también puede ser sutil. Por ejemplo, alguien hace un comentario autodespreciativo, algo sobre que no cae bien, y luego lo hace pasar como una broma cuando recibe retroalimentación positiva. Es una manera de enfrentarse al miedo al rechazo y, al mismo tiempo, evitar la vulnerabilidad de expresar un deseo genuino de aceptación.

Desconectarse de la relación es otra forma en que respondemos a un posible rechazo social. Puede que terminemos una relación sentimental, rompamos vínculos con amigos o familiares o dejemos nuestro trabajo en vez de quedarnos en la ambigüedad de no saber si se está produciendo un rechazo real.

La última respuesta, y la más saludable, ante un posible rechazo es voltear al interior y responder con base en nuestras propias normas internas.

En este escenario, usamos el FOPO como una señal para dedicarnos más al autodescubrimiento, desarrollar habilidades psicológicas y quizá incluso leer un libro sobre el FOPO. El objetivo, cada vez que escuches las campanadas del FOPO, es centrarte más en quién quieres ser, en lugar de en quién crees que quieren que seas.

Accesos al FOPO

Cuando prestas más atención, es más probable que descubras que ciertas cosas aceleran el FOPO. Aunque todos somos diferentes, he observado que hay dos accesos comunes (véase fig. 2.2).

Un mal sentido del yo es el acceso más común al FOPO. Cuando nos falta un entendimiento claro, estable y positivo de quiénes somos, casi siempre buscamos por fuera para ver cómo nos sentimos respecto a nosotros mismos.

Asumimos que otros nos pueden ver mejor que nosotros mismos y, como resultado de esto, les damos poder y credibilidad a las opiniones de los demás. Confiamos en que la otra persona nos proporcione señales de aprobación o de posible rechazo.

Una identidad que se basa en el desempeño también desemboca rápidamente en el FOPO. La identidad basada en el desempeño, que veremos en el capítulo 4, es cuando nuestra identidad se define por nuestro desempeño. Nos definimos a nosotros mismos según la forma en que nos desempeñamos en relación con otros. Nos condicionamos a buscar por fuera la definición de nosotros mismos y en ese proceso aprendemos a valorar la retroalimentación externa mucho más que nuestra propia retroalimentación interna.

De la idea a la acción

Para obtener un entendimiento más profundo de tu relación con las tres fases del circuito del FOPO, puedes crear deliberadamente una condición incómoda y observar tus respuestas a través de cada fase. Aquí tienes un ejemplo sencillo.

Comienza por echar un vistazo a tu clóset y selecciona a propósito artículos que no te queden bien o que estén muy pasados de moda. Elige algo que te haga sentir genuinamente poco atractivo, incómodo o fuera de onda.

A continuación, combina ese atuendo con una actividad social que amplifique tu incomodidad. Podría ser un evento laboral, una reunión social o incluso una actividad individual como comer solo en un lugar lleno de gente.

El ejercicio comienza cuando empiezas a vestirte. Toma nota de tu actividad mental y observa cómo te anticipas a una situación inminente que es socialmente incómoda. Pon atención a los pensamientos que surgen. ¿Racionalizas internamente por qué no debes continuar con el ejercicio? ¿O te da curiosidad la experiencia y te preguntas en qué acabará cuando te encuentres con alguien? Pon atención a lo que te dices sobre ti mismo. Sigue consciente y atento a tu experiencia interna, sin juzgarla, hasta que llegues a ese marco social.

Una vez que llegues, explora tu proceso de «revisión» y observa cómo evalúas tu propio bienestar (si es que te encuentras en esa revisión). Toma nota de cualquier actividad interna que suceda, además de estar por completo presente y conectado en la actividad social.

La tercera fase de tu experimento implica hacerte más consciente de tus tendencias de respuesta. ¿Te sientes orientado a hacer algo especial para obtener aceptación, como sonreír excesivamente o mostrarte demasiado agradable? ¿Te inquieta si parece que la otra persona te acepta menos o le interesa menos conectar contigo? O bien, ¿encuentras una sensación de paz y libertad?

Aprovecha la oportunidad de divertirte con este ejercicio. Acércate a él con una mentalidad juguetona y aventurera. Al hacer esto, puedes descubrir aprendizajes valiosos sobre ti mismo y tu relación con el FOPO.

3

Factores de miedo

El valor no es la ausencia del miedo, sino el triunfo sobre este.
El hombre valiente no es aquel que no siente miedo,
sino aquel que conquista ese miedo.
NELSON MANDELA

En una competición de habilidades, ¿quién crees que experimentaría más estrés: un golfista profesional (la estrella de la PGA, Rickie Fowler), un instructor profesional de un club de golf o un aficionado que juega con sus amigos los fines de semana?

Cuando fui asesor en el Programa de Alto Rendimiento de Red Bull, quise responder a esa pregunta. Junto con el doctor Leslie Sherlin, un neurocientífico, diseñé una prueba de presión en tres etapas y medí la actividad neuroeléctrica en el cerebro y la frecuencia cardiaca de los golfistas durante cada etapa de la prueba. Observamos sus datos biológicos y luego hicimos preguntas para entender mejor las estrategias psicológicas internas que los golfistas usaban a lo largo de las pruebas. Durante las dos primeras etapas, cada golfista creyó que era el único participante en el estudio.

La primera etapa fue una prueba de baja presión. Colocamos 18 pelotas de golf alrededor del *green*, en un rango de medio metro a cuatro metros y medio de la bandera, para que cada golfista metiera las pelotas en el hoyo. Estuve a solas con cada golfista cuando ejecutaban sus *putts*. Todos los golfistas mostraron una frecuencia cardiaca ligeramente elevada y un aumento en la actividad cerebral.[1]

No fue sorpresa que Fowler, el profesional del circuito, lograra la mayoría de los tiros, metiendo 15 de 18. Cuando le pregunté a Rickie cómo le había ido, me respondió: «Hice 17 tiros buenos». Su cálculo me tomó un poco por sorpresa, y le dije: «Pero solo entraron 15». Sin titubear, Rickie dijo: «Cierto, pero la forma en que veo el golf es que enfoco mi atención en lo que está bajo mi control, no en el resultado final. Me comprometí a 17 tiros. Tuve 17 de 18». Un buen vistazo a su mentalidad.

En la segunda etapa, subimos la presión al colocar dos cámaras grandes a orillas del *green* y dos cámaras de mano a unos cuantos metros de los golfistas. No explicamos para qué eran las cámaras o quién podría ser la audiencia.

Fowler experimentó un pico inicial en la frecuencia cardiaca y la activación cerebral, pero rápidamente manejó el estado de sobreexcitación y se tranquilizó, con resultados similares a los de la primera etapa. El guerrero de fin de semana tuvo un incremento en la activación y se desempeñó ligeramente por debajo cuando estábamos los dos solos en el *green*. Informó que la experiencia fue «divertida» y «emocionante» y que se «se sintió como un profesional del circuito». No tuvo ningún comentario negativo sobre su desempeño.

El instructor del club local tuvo una experiencia radicalmente diferente. Al no estar acostumbrado a jugar frente a las cámaras, su frecuencia cardiaca se disparó y permaneció alta durante todo su turno. Sus resultados empeoraron drásticamente. «Fui un desastre... Ojalá hubiera sabido que iban a grabarme... Quedé como un tonto... Soy un profesional. Se supone que tengo que hacerlo mejor».

En la última etapa, todos los golfistas se conocieron en persona. Además de las cámaras, incluimos dos elementos más de presión. Trajimos a un público y lo volvimos una competición de *putting* para recaudar fondos para una organización benéfica local.

Los resultados fueron casi idénticos a los de las etapas anteriores. El jugador de la PGA usó sus habilidades mentales para disminuir su frecuencia cardiaca, bloquear el ruido externo e interno y regular sus reacciones emocionales y psicológicas. El guerrero de fin de semana vio la experiencia como un puro disfrute y la abordó con curiosidad; no tenía nada en juego. El instructor del club fue el caso atípico. Se desempeñó de forma pésima.

¿Por qué? Le agregó mucho más significado a la experiencia. Como se identificaba demasiado con ser «el experto», su identidad estaba amenazada. La combinación de las cámaras, la multitud y la mucho mayor pericia del profesional de circuito amplificó su miedo a lo que otros pudieran pensar de él: juzgarlo como un pésimo golfista, un fraude, que no era lo que él pretendía ser. Y como no era consciente de los pensamientos que desataban la cascada de sustancias químicas que lo impulsaban a un estado de lucha, huida o parálisis, no pudo recalibrarse.

Había entrado bruscamente en modo de supervivencia. En un campo de golf. En un día soleado de 24 ºC en Hobe Sound, Florida.

Programados para protegernos

Para entender nuestro miedo a las opiniones de las personas, necesitamos un marco para entender el miedo.

El miedo es una respuesta evolutiva adaptativa diseñada para mantenernos a salvo. La función principal del miedo es actuar como señal de peligro o amenaza y provocar respuestas adaptativas adecuadas.

En tiempos remotos, la supervivencia requería una capacidad para identificar y evaluar rápidamente una amenaza. Nuestros ancestros cazadores-recolectores estaban sometidos a la presión de ser más listos que los depredadores, defenderse de los invasores y mantenerse unidos a la tribu. Eso era esencial para su supervivencia. Una mayor vigilancia y preparación para cuando las cosas iban mal les servía a nuestros ancestros. No recibían castigos si erraban por ser demasiado cautelosos, pero un mal cálculo podía resultar costoso. Si huían de ese tigre temible que acechaba en el bosque y resultaba que era un animal inofensivo, solamente habían desperdiciado un poco de tiempo. Pero si no podían captar una señal en el ambiente, eso podía costarles la vida.

El mismo principio se aplicaba a las relaciones sociales. No te podías equivocar al estar en sintonía con las necesidades del grupo total, pero si caías de la gracia de otros y te sacaban de la tribu, eso probablemente era una sentencia de muerte. La gente no podía sobrevivir por sí sola en un estado de naturaleza que era «solitario, precario, cruel, salvaje y austero».[2]

El cerebro desarrolló circuitos, con el apoyo de la selección natural, lo que les dio a nuestros primeros ancestros una sensibilidad intensificada ante la amenaza y, en relación con esto, una ventaja competitiva en el juego de la supervivencia. Durante millones de años, el sistema de detección de amenazas forjó canales profundamente incrustados en el cerebro del hombre primitivo.

Los reflejos no son solo para las pataditas

El miedo es una emoción con componentes fisiológicos y cognitivos.

El reflejo de la amenaza es una serie de acciones involuntarias que el cuerpo lleva a cabo en respuesta a una amenaza percibida, sin que tengamos que pensar en ella. La respuesta al estrés se activa en el cerebro y se produce una cascada predecible de acontecimientos neurológicos y fisiológicos cuando sentimos una amenaza.

No podemos tener miedo sin tener algunos de los siguientes elementos del reflejo de estrés. En cuanto interpretamos que algo es importante, la amígdala, una estructura en forma de almendra situada a ambos lados del cerebro, envía una alerta al hipotálamo, el cual pone en marcha nuestro sistema nervioso simpático. Se libera adrenalina y eso aumenta nuestra frecuencia cardiaca, bombeando más sangre y desatando una liberación masiva de glucosa en el hígado.[3] Los vasos sanguíneos de nuestro aparato digestivo se contraen y la sangre se desvía hacia los músculos de los brazos y las piernas para que estos se preparen para defenderse o escapar.[4] Nuestro proceso digestivo se queda marginado. No necesitamos digerir alimentos cuando estamos amenazados. Nuestro estómago nota la escasez de sangre y oxígeno en esa región, lo que provoca la sensación comúnmente descrita de tener «mariposas» ahí.[5]

El cerebro reconoce que nuestro cuerpo se está esforzando mucho y nuestro sistema de enfriamiento se activa cuando el sudor comienza a formarse en nuestra piel. La humedad hace que nuestra piel sea más resbalosa y difícil de sujetar. Mientras sucede la vasoconstricción y nuestro corazón está bombeando con más fuerza, nuestra respiración se acelera y se vuelve poco profunda. El aumento del flujo sanguíneo a nuestras extremidades genera una sensación de pesadez en brazos y piernas si nuestros cuerpos se activan de más.

Nuestra mandíbula se aprieta un poco, puesto que el cuerpo se prepara inconscientemente para morder, atacar o defenderse.[6] Reducimos el ruido externo del ambiente, ya que nuestro enfoque atencional se reduce y nos volvemos más selectivos a la hora de procesar información sensorial. El aumento de la tensión muscular pone en riesgo nuestras habilidades motrices finas —cosas como el movimiento de los dedos y las cuerdas vocales— en beneficio de la asignación de recursos a nuestros músculos más grandes.[7] Es por eso que cantar, tocar el piano, el tiro con arco y hablar en público pueden ser tan difíciles de hacer bien cuando sentimos una amenaza.

Cómo se aprenden los miedos

Entender la biología y los mecanismos en los que se basa el miedo es importante para cambiar nuestra relación este.

El sistema del miedo está diseñado para mantenernos a salvo. El reflejo de la amenaza no es particular ante amenazas específicas. Es genérico en su respuesta. Básicamente, podemos ser temerosos de cualquier cosa si es que ese circuito se activa.

El reflejo de la amenaza puede activarse en cualquier momento por dos cosas: recuerdos anteriores o experiencias inmediatas, algo que sucede en el momento. El sistema inserta en nosotros recuerdos de experiencias anteriores. El doctor Kerry Ressler, un profesor de Psiquiatría en Harvard y uno de los principales expertos del mundo en el campo de la neurobiología del miedo, dice que esos recuerdos pueden ser protectores o pueden ser peligrosos.[8] Los recuerdos protectores evitan que hagamos malas elecciones o cometamos errores que podrían lastimarnos. Evitamos esas situaciones peligrosas en el futuro. El recuerdo de haber nadado en un oleaje de siete metros en Hawái, cuando te tuvo que sacar un salvavidas, te protege de volver a ponerte en esa situación. Pero otros recuerdos son peligrosos porque circunscriben nuestros comportamientos en formas mal adaptadas.

Hacer sonar la campana

Los recuerdos se quedan insertos en nuestro sistema del miedo a través del condicionamiento clásico, también conocido como condicionamiento pavloviano.[9] El científico ruso Iván Pávlov, ganador del Premio Nobel, descubrió de forma accidental que aprendemos por medio de la asociación en sus célebres experimentos sobre la digestión de los perros. Pávlov observó que los perros salivaban inicialmente solo cuando se colocaba alimento frente a ellos, pero notó que sus respuestas fisiológicas cambiaban con el tiempo. Comenzaron a salivar antes de que la comida llegara. Pávlov se dio cuenta de que los perros salivaban en respuesta a los ruidos que acompañaban de manera constante la llegada del alimento, como el sonido del carrito que se acercaba.

Para probar esta teoría, Pávlov montó un experimento donde hacía sonar una campana poco tiempo antes de entregar la comida. Al principio, las campanas no provocaban ninguna respuesta en los perros, pero con el tiempo estos comenzaron a salivar solo con el sonido de la campana.

En la jerga algo burda del condicionamiento clásico, Pávlov usó un «estímulo neutro», hacer sonar la campana, que al principio no provocaba ninguna respuesta en los perros. La comida era el «estímulo incondicionado» que llevó a una respuesta automática, la de los perros salivando. El «estímulo condicionado» era el estímulo neutro original, hacer sonar la campana, que tras asociaciones repetidas con la comida provocaba la misma respuesta.

El condicionamiento clásico, un tipo de aprendizaje inconsciente y automático por medio de la asociación, es un mecanismo con el que formamos miedos.

En los humanos, existe una asimetría entre insertar experiencias positivas y negativas. Los humanos no requieren múltiples emparejamientos de un estímulo condicionado y otro no condicionado cuando sucede algo traumático. A diferencia de los perros de Pávlov, que formaban una nueva respuesta después de repetidas apariciones del alimento y la campana juntos, los miedos humanos se pueden formar en una sola experiencia intensa. Una publicación vergonzosa en redes sociales, un discurso en la secundaria cuando te quedaste inmóvil frente a toda la escuela, descubrir la infidelidad de una pareja, estar a punto de ahogarte, la caída en picada de los mercados financieros en los que habías invertido todos tus ahorros... cualquiera que sea el detonante, puede crear un miedo poderoso en el momento. El miedo se fija con una sola experiencia y puede durar el resto de la vida.[10]

La asimetría posiblemente sea adaptativa a nivel evolutivo.[11] A lo largo de nuestra historia, las personas que están más alertas a las amenazas habrían tenido más probabilidad de sobrevivir y, como consecuencia, habrían aumentado la probabilidad de transmitir sus genes.

Claro que los miedos incrustados también pueden integrarse a través de múltiples experiencias durante un periodo largo. La chica a la que continuamente excluían sus compañeros en la escuela. El empleado que soportó a un supervisor emocionalmente abusivo.

El sistema del miedo, diseñado para anticipar problemas y peligros para mantenernos a salvo, está preparado para el aprendizaje. La memoria del miedo tiende a generalizarse con el tiempo.[12] La exclusión prolongada en la escuela puede evolucionar hasta convertirse en miedo a la intimidad. O el abuso en el lugar de trabajo podría transformarse en una desconfianza más grande hacia la autoridad.

Nada de pastillas mágicas

La idea de que podemos tomar una pastilla mágica que haga desaparecer nuestros miedos es seductora, pero no es una realidad. De hecho, ninguno de los tratamientos actuales recetados —como los inhibidores selectivos de la recaptación de serotonina (ISRS), el Prozac y el Zoloft para la depresión, o los betabloqueadores para bajar la presión arterial— se basan en la neurobiología del miedo. Puede que reduzcan los síntomas del miedo, pero no intervienen en un mecanismo del sistema de miedo.

Hay un puñado de tratamientos psicológicos que se usan comúnmente para atender las respuestas de mala adaptación al miedo, con la terapia cognitivo-conductual (TCC) y la terapia de aceptación y compromiso (TAC) a la cabeza. Una intervención específica de la TCC que ha producido resultados significativos para los miedos intensos es la terapia de exposición. Este tratamiento implica que un psicólogo cree un ambiente seguro para que, cuando el paciente se exponga a la situación u objeto temidos, se vuelva o menos sensible a la condición que le genera ansiedad o extinga por completo la respuesta de miedo.

En mi desempeño como psicólogo deportivo, he apoyado a atletas justo en este asunto. De hecho, una persona con la que trabajé era uno de los mejores pícheres en beisbol, un ganador del Premio Cy Young que, sin que casi nadie supiera, tenía una ansiedad paralizante sobre que otros lo criticaran y juzgaran.

Seguimos un proceso llamado desensibilización sistemática, un tratamiento que ayuda a las personas a lidiar con fobias al exponerlas de forma progresiva a estímulos que inducen miedo. El primer paso del proceso era entender cómo él experimentaba su miedo. Yo necesitaba tener una mejor idea de cómo era eso para él. ¿Cómo se identificaba con el éxito y el fracaso? ¿Qué tan importante era el beisbol para su identidad? ¿Experimentaba aumentos en la respiración y la frecuencia cardiaca? ¿Tenía la sensación de estar agitado? ¿Presentaba dificultades para digerir alimentos? ¿Experimentaba dificultad para dormir? ¿Su cuerpo se sentía tenso? ¿O estaba más abrumado por patrones de pensamiento perturbadores o restrictivos? ¿Se distraía con facilidad? ¿Se imaginaba siempre lo peor? ¿Su mente se aceleraba? ¿Era indeciso? ¿Era olvidadizo?

Tenía una mezcla de síntomas cognitivos (mentales) y somáticos (físicos). Estaba «metido en su cabeza»: pensando de más su mecánica de lanzamiento, preocupado por darle base por bola a un bateador, incluso obsesionado con decisiones menores como lo que quería para comer. Su ansiedad también se manifestaba como tensión en sus músculos, sudoración excesiva y ritmo cardiaco elevado. Para un pícher que sujeta y lanza una pelota de beisbol a 158 kilómetros por hora a una distancia de 18.5 metros en una pequeña zona de *strike*, las manos sudorosas, la opresión muscular y un corazón acelerado son estorbos. Su cerebro segregaba demasiadas hormonas de estrés y estas interferían en su capacidad para echar mano de sus habilidades, además de reducir su calidad de vida general.

Exploramos el costo de la ansiedad. Es importante que alguien entienda realmente el impacto que la ansiedad tiene en su vida. Hablar de ese impacto me permite ver qué tanto quiere cambiar un paciente y trabajar. El compromiso tiene que estar presente porque el trabajo es difícil.

Le dije al pícher:

—Puedo crear la estructura para que hagas el trabajo, pero eres tú el que tiene que hacerlo. Si quieres hacerlo, entonces puedes acabar con el miedo. —Le di ánimos—. Tienes las habilidades internas para transformar tu relación con el beisbol y otras áreas de la vida. En lugar de que cada vez que subas al montículo del lanzador sea un referéndum para ti, puedes agregarle libertad y algo juguetón a la experiencia.

Al instante se llenó de esperanza. Sus cejas se arquearon. Las comisuras de sus labios se elevaron. Respiró profundo y exhaló despacio.

—¿En serio? ¿Eso puede pasar? Es que este miedo es terrible.

Sonreí, asentí con la cabeza y le pedí que me compartiera una ocasión en la que estuvo en el montículo «en su mejor forma».

Me habló de sus primeros días en el beisbol profesional.

—Recuerdo pensar en el terreno de juego como en un lienzo. Puede que suene extraño, pero hay un componente artístico en la experiencia. Cuando cruzaba las líneas blancas, sentía que era un lugar donde podía expresarme. Tenía una seguridad total en mi capacidad. No había nada de ruido. Me sentía conectado con mis compañeros de equipo. Era un líder en el equipo, pero más por mis acciones que por mi voz. Amaba el beisbol en ese punto de mi vida.

Cambié de tema.

—¿Quieres tener hijos?

—Sí —respondió.

—Está bien. Imaginemos que tienes un niño de 14 años, y te dice que «le pasa algo» y te pregunta: «¿Alguna vez te sentiste abrumado y creías que no podías superarlo? ¿Había una parte de ti que quería renunciar porque era muy abrumador, y otra parte de ti sabía que te ibas demasiado pronto porque había mucho más por explorar?».

Asintió a la pregunta.

—¿Puedes verlo?, ¿cómo te mira a los ojos cuando te pide ayuda?

—Sí —dijo con lágrimas en los ojos—. Tuve una ansiedad tan intensa el año después de que gané el Cy Young. Era un desastre en casa, al manejar a la sede del equipo, en el banquillo. En todos lados. Estaba en el centro de un estadio de cincuenta mil personas y lo único que quería era esconderme.

—¿Qué quieres decirle a tu hijo sobre este momento de tu vida? No hay respuestas buenas o malas. Es tu vida, tu aventura, tu sendero que se bifurca.

Se reclinó en la silla, ordenó sus ideas y exploró todas las opciones en silencio. Me miró a los ojos y dijo:

—Es que no sé si pueda lograrlo. No sé qué quiero decir. Quisiera decir: «Sí, hice el trabajo interior. Enfrenté mis miedos y encontré la libertad en toda mi vida». Pero en realidad no sé si creo poderlo hacer.

Se quedó callado. Los dos estábamos sentados en silencio.

Finalmente habló:

—Sí, acepto. No hay otra opción. Tengo que hacer esto.

Ahora que habíamos llegado a un acuerdo, establecimos una jerarquía de detonantes del miedo, que iba del más débil al más aterrador. Le pedí que describiera del 1 al 100 los niveles de miedo que sentía. Para el nivel 1 (la respuesta de miedo más pequeña) escribió: «Subirme al auto para ir al entrenamiento». Entrar a los vestidores y ver su nombre en la alineación de ese día era un 75. Caminar al campo para el calentamiento antes del partido era un 85. Trotar del *bullpen* al montículo del pícher era un 90. Que el presentador dijera su nombre como el pícher abridor durante los partidos de postemporada subía el medidor del miedo a 100.

Luego hablamos de las habilidades psicológicas que podían ayudarlo a superar sus miedos. Comenzamos desmitificando cómo la psicología y la fisiología trabajan juntas. Hablamos de por qué su cuerpo reaccionaba como lo hacía (como respuesta de protección y supervivencia). Al final de ese repaso general ya podía entender lo que su mente y su cuerpo podían hacer si trabajaban juntos y que, al nivel más básico, esas respuestas son normales. Al mismo tiempo, reconoció que, en su profesión, la respuesta crónica al miedo era completamente mal adaptada.

Pasamos a entrenar habilidades psicológicas más concretas, como entrenar la respiración, las imágenes mentales, el optimismo, el pensamiento motivacional y las estrategias de reestructuración cognitiva. El principio de ser dueño de lo que está bajo el control de uno es el núcleo del trabajo, así que modelamos un plan que se enfocara en esos elementos. Desarrollamos un proceso optimizado de pensamiento motivacional. Construimos un conjunto de estrategias de relajación que incluían entrenamiento de respiración para ayudar a regular y tranquilizar su sistema nervioso simpático (el mecanismo de pelear, huir o paralizarse diseñado para responder ante factores de estrés agudos). Mejoramos sus habilidades en imágenes mentales para hacer que las imágenes que visualizaba fueran lo más realistas posibles. El objetivo era crear una imagen tan real como fuera posible y que esto activara los cinco sentidos.

También creamos una serie de actividades para que pudiera «estresarse a sí mismo» de forma deliberada y así poder practicar estas habilidades controlables.

Después de una semana de practicar estas habilidades psicológicas, él estaba listo para comenzar el entrenamiento de desensibilización sistemática. Antes de comenzar, se comprometió a una especie de «contrato».

> Entiendo y acepto que estoy por enfrentar deliberadamente uno de mis miedos. Entiendo que el protocolo está diseñado para que experimente múltiples niveles de miedo, uno a la vez. Me comprometo a desplegar habilidades mentales para trabajar con mi reacción de miedo, sin importar cuánto tarde, a no dejar el ejercicio mientras esté en medio de una reacción de miedo. Entiendo que hacer esto probablemente resultará en intensificar mi reacción de miedo. Me comprometo a trabajar con cada etapa del miedo hasta que pueda remplazar mi reacción de miedo con un estado de relajación.

El contrato exigía un compromiso total con un rito de iniciación que le permitiría obtener la libertad por la que estaba trabajando.

Acordamos que el nivel aceptable de relajación para avanzar era un 2 de 10 (un ataque de pánico es 10 y estar relajado y casi aburrido es 1).

Así que comenzamos.

Sacamos la hoja en la que él había enlistado sus niveles de miedo. Se ajustó la correa del monitor de frecuencia cardiaca alrededor del pecho (para que también pudiéramos tener algunos datos objetivos) y le pregunté:

—¿Estás listo?

Me sonrió, dio un respiro profundo y dijo:

—Doctor, no tiene idea de qué tan listo estoy para que esto se termine.

Los dos nos enderezamos un poco. Cerró los ojos, como si diera la señal de que ahora todo iba en serio.

Lo conduje por el nivel 1 de su miedo, usando su imaginación para sentir cómo era subirse al auto e ir al estadio. En menos de veinte segundos, su frecuencia respiratoria subió un poco y enseguida también lo hizo su frecuencia cardiaca. Su piel comenzó a ponerse caliente. En su mente, sentía exactamente lo que se siente al manejar al estadio.

—En nuestra escala del 1 al 10, ¿cuál es tu nivel de activación en este instante?

—Seis —me contestó.

—Genial. Usa tus habilidades psicológicas y ve a tu trabajo. Dime cuando estés tan relajado que sientas como si hubieras dominado este nivel. Respira. Sonríe, lo estás logrando.

Respiró hondo unas cuantas veces. Los rabillos de sus ojos y las comisuras de sus labios se elevaron. Ya estaba en camino.

Pasaron unos momentos y me dijo:

—Estoy bien. Estoy completamente relajado.

Su frecuencia cardiaca estaba muy cerca de los niveles de estar en reposo. Yo lo uso como línea de referencia para cómo se ve el «éxito» en cada etapa de la respuesta al miedo.

La mecánica de la desensibilización sistemática conlleva emparejar el estímulo menos atemorizante con la técnica de relajación en múltiples ocasiones hasta que la respuesta al miedo disminuya. El proceso se basa en un principio llamado «inhibición recíproca» que plantea que no puedes estar ansioso y relajado al mismo tiempo. La respuesta de mala adaptación se remplaza con una respuesta adaptativa. Los efectos condicionados de la ansiedad se inhiben induciendo deliberadamente un estado de relajación.

La intervención después pasa al siguiente estímulo y luego al siguiente. El objetivo es desensibilizarse de forma gradual a los detonantes que causan el estrés.

Una vez que él desarrolló el dominio de cada nivel usando su imaginación (lo que técnicamente se llama entrenamiento *in vitro*), trazamos un plan para que aplicara la misma estructura, habilidades y condiciones, pero esta vez en la vida real (entrenamiento *in vivo*). En esta fase, tendría una exposición directa a la situación temida para poder reducir el miedo y la ansiedad por medio de una experiencia de primera mano. La capacitación *in vivo* tiene el fin de desensibilizar a los individuos ante estímulos que inducen miedo, al exponerlos de manera gradual y segura a lo que temen. Este tipo de terapia de exposición ayuda a los individuos a superar sus miedos, desarrollar mecanismos de afrontamiento y recobrar una sensación de control y seguridad de cara a las situaciones que provocan ansiedad.

Le fue de maravilla en el entrenamiento en la vida real.

En general, los atletas de élite tienen la habilidad de aceptar la incomodidad. Reconocen la necesidad de salir de su zona de confort para aprender, para mejorar. Con frecuencia tienen un nivel mayor de comodidad en situaciones nuevas o desafiantes, una disposición a asumir riesgos y una tendencia a buscar experiencias novedosas. A pesar de tener un miedo paralizante, él pudo aplicar algunos de esos rasgos que había desarrollado para sobresalir en el deporte a los retos del entrenamiento *in vivo*.

Como marco de trabajo, él sabía que si aguantaba la incomodidad de los ejercicios el tiempo suficiente, a pesar de que eran pesados y agotadores, podría construir un nuevo modelo mental. Y lo hizo. La exposición directa al estímulo lo desensibilizó del miedo que lo había restringido durante tanto tiempo. Acabó con el miedo.

Apenas podía creerlo. Enfrentó su miedo, ajustó cuentas con este y cambió su relación con el juego que amaba.

Unos días después estaba en la alineación para lanzar. Cuando el anunciador dijo su nombre, la cámara lo enfocó cuando entraba en el campo desde el banquillo. En lugar de hacer lo que él llamaba «la caminata larga» —que para él siempre había sido una temida caminata de la banca al montículo—, salió con un trote ligero y una gran sonrisa en la cara. Tenía la libertad y la alegría de un chico de diez años que entraba en un partido de las ligas menores. Incluso se quitó la gorra para saludar a la multitud.

Se había deshecho de las cadenas de la ansiedad social que casi acabaron con su carrera.

De la idea a la acción

El miedo a que la gente te juzgue se ha medido desde hace décadas. Ronald Friend y David Watson desarrollaron la escala del Miedo a la Evaluación Negativa (MEN) en 1969, un cuestionario de autoevaluación de treinta puntos diseñado para medir los niveles de ansiedad social.[13]

Hemos diseñado una evaluación para medir el miedo a las opiniones de los demás. El FOPO, a diferencia de la ansiedad social, es un trastorno no clínico. No se trata de una prueba de detección del trastorno de ansiedad social o cualquier otro trastorno psicológico. Si te preocupa tener síntomas de trastorno de ansiedad social (TAS) que interfiera con tu vida diaria, busca la ayuda de un doctor o un profesional de la salud mental para ver si cumples con los criterios de un diagnóstico de TAS.

Si te interesa tomar esta evaluación sin costo alguno, por favor visita la página www.findingmastery.com/thefirstrule.

4

La identidad: un terreno fértil para el FOPO

El mundo te preguntará quién eres y, si no lo sabes,
el mundo te lo dirá.
CARL JUNG

Primer partido. Finales de la temporada de 1997 de la NBA. Último cuarto. 9.2 segundos en el reloj.

Karl Malone, el jugador más valioso (MVP, por sus siglas en inglés) de la liga, pasa a la línea para hacer dos tiros libres. Sus Jazz de Utah, el mejor equipo del oeste de Estados Unidos, están empatados con los Toros de Chicago de Michael Jordan, quienes quieren su segundo campeonato consecutivo —y su quinto en siete temporadas—, así como ganarse su lugar entre las mayores dinastías en la historia de los deportes.

El marcador: 82-82.

El juego está en manos de Malone. Ha participado 11 veces en el All-Star Game de la NBA y es miembro del Salón de la Fama del Basquetbol. Acabará su carrera con el récord de más tiros libres conseguidos, con un porcentaje de efectividad del 74%. Si mete uno de los dos tiros libros, los Jazz tomarán la ventaja y, a menos de que haya algo de magia tardía de Michael Jordan, ganarán el partido y robarán la ventaja de locales a los invencibles Toros.

Es un momento con el que los jugadores sueñan cuando son niños. Las finales de la NBA. Los reflectores. La multitud. Para esto son todos los entrenamientos, vuelos, sacrificios y baños de hielo. Para ganar un campeonato.

La multitud de Chicago está enloquecida. «Cuando Karl fue a la línea de tiro, ese estadio era ensordecedor», recordó Brad Rock, antiguo columnista deportivo en *Deseret News*.[1] «Mis oídos me zumbaron durante días». Los aficionados de pie gritan y agitan cilindros inflables blancos al echar porras. Pero Malone es todo un profesional de primera. Conocido como el Cartero, porque siempre cumple con su entrega, como el Servicio Postal de los Estados Unidos.

Cuando Malone se está acomodando, Scottie Pippen, el potente alero de los Toros —el callado compinche de su compañero ruidoso de equipo Michael Jordan—, pasa a un lado de Malone de camino al área restringida y se dirige al hombre que se retirará como el segundo mayor anotador en la historia de la NBA.

—Oye, Karl —le dice—, el cartero no reparte los domingos.

Es una frase perfecta, aguda y lista.

Malone hace su rutina normal antes de tirar. Driblea, con la cabeza abajo, hace girar el balón en el aire dos veces, se pone en cuclillas, se balancea atrás y adelante, dice el nombre de su hija y su esposa... y tira.

Zas.

Falla.

82-82.

La multitud se vuelve loca. Malone se aleja de la línea e intenta recobrar la compostura. En su rostro se lee la frustración y la decepción.

Regresa a la línea. La multitud grita tan fuerte que ahoga el sonido de Marv Albert, el comentarista de la televisora NBC. Malone sigue la misma rutina que antes. Driblar, girar, cuclillas, balancearse... disparar.

Entra y sale.

Falla.

82-82.

Nadie puede creerlo. Malone, uno de los grandes, falló los dos tiros.

El ánimo cambia. Después de un tiempo fuera de la televisión, y con los mismos nueve segundos en el reloj, Michael Jordan recibe un pase interior, se enfrenta al alero de los Jazz, Byron Russell, y anota el tiro ganador cuando el reloj expira.

El resto es historia. Los Toros se apoderarían de la serie en cinco partidos, y el *trash talk* (es decir, hablar para alterar al contrario) de Scottie Pippen se volvería parte de la historia de la NBA.

No se puede saber si el comentario de Pippen fue la razón de los tiros libres fallidos de Malone. Quizá Malone estaba cansado después de forcejear en el poste con Dennis Rodman. Quizá la presión y el ruido lo afectaron. O quizá, como otros han especulado, a sus tiros los alteró la quemadura que se hizo en la mano con la duela durante las Finales de Conferencia del Oeste. O quizá simplemente falló.

Es imposible saberlo. Nunca lo sabremos, porque Malone seguía el código de un guerrero: jamás ponía excusas.

Pero la historia fascina a los seguidores de la NBA por una razón. Malone era un atleta de élite, en el mejor momento de su carrera, un Goliat entre Davides, que no pudo cumplir en un momento de alta presión en el mayor escenario de su deporte. Fue dramático y devastador. Y lo fue aún más porque Malone, un hombre grande que pesaba 115 kilogramos, perdió el equilibrio por seis simples palabras.

«El cartero no reparte los domingos».

Aunque la mayoría de nosotros no trabaja en un ambiente tan ruidoso, intenso y estresante como un partido de las finales de la NBA, a todos nos ha estremecido o agitado un padre, jefe, maestro, entrenador o colega que perforó nuestra coraza emocional y que nos dejó expuestos y vulnerables.

Esto trae la siguiente pregunta: ¿por qué somos tan vulnerables a las opiniones malintencionadas de otros? ¿Qué se esconde detrás de la coraza emocional?

¿Qué es la identidad?

Como vimos con el instructor del club de golf, la identidad es uno de los terrenos más fértiles para el FOPO. Nuestra identidad, dependiendo de cómo se construye, nos puede hacer vulnerables a los tiros y flechas de las opiniones de los demás. Cuando nos hemos fusionado con una identidad que no es fiel a quiénes somos o a una identidad que es demasiado estrecha como para contener todo lo que somos, o a una identidad incapaz de incorporar nueva información y crecer, la opinión de otro se puede sentir como un ataque en el que nuestra supervivencia está en juego.

Si soy el cartero que siempre reparte, ¿qué pasa cuando no reparto? ¿Entonces quién soy?

La identidad es el sentido subjetivo que tenemos de nosotros mismos, basado en nuestras experiencias, creencias, valores, recuerdos y cultura. Es un conjunto de características físicas y psicológicas que nadie más comparte. Con frecuencia derivada de la relación o comparación con otros, la identidad brinda un marco para entender mejor nuestro sitio en un mundo social complejo.[2]

Tenemos un impulso natural para definirnos en relación con el mundo que nos rodea, para darles a otros una manera clara en la que puedan pensar sobre nosotros. Construimos identidades porque nos ayudan a entender mejor nuestro lugar en un mundo social complejo y reducen nuestra incertidumbre subjetiva.[3] La identidad nos da algo a lo que aferrarnos cuando caemos por los aires. Pero la certidumbre que viene con el «esto es lo que soy» trae un precio considerable si no entendemos de verdad quiénes somos o si esa etiqueta viene de fuera de nosotros mismos.

Fuentes de la identidad

La identidad se nutre de muchos aspectos de nosotros —raza, género, sexualidad, relaciones, familia, trabajo, intereses, nacionalidad, creencias, prácticas religiosas y afiliaciones a grupos—, pero no se pude definir por ninguno de esos aspectos. Tampoco se puede expresar únicamente por alguno de los roles que se encuentran al interior de esas categorías generales. Cura. Presidente ejecutivo. Madre. Piloto. Escritor. Estudiante. Atleta. Empresario. Eso es lo que hacemos, no lo que somos, aunque forman nuestra identidad.

Como lo dice francamente Tyler Durden en *El club de la pelea*: «No eres tu trabajo. No eres cuánto dinero tienes en el banco. No eres el auto que manejas. No eres lo que tiene tu cartera. No eres tus putos pantalones caqui».[4] Simplemente eres tú.

La identidad puede transformarse con el tiempo con base en el conocimiento que obtenemos de nosotros por medio de la experiencia y por cómo aplicamos ese conocimiento a nuestras vidas. En la novela clásica de Lewis Carroll, *Las aventuras de Alicia en el país de las maravillas,* la joven protagonista baja por una madriguera de conejo hacia un mundo fantástico de personajes antropomorfos. Después de una serie de metamorfosis físicas llega con una oruga que le pregunta: «¿Quién eres tú?». Alicia responde: «Yo, apenas si lo sé, señor, en este momento... al menos sé quién era cuando me levanté esta mañana, pero creo que debo haber cambiado varias veces desde entonces».[5]

Inserta en la identidad está la idea de que, a pesar de los cambios físicos e internos, hay una continuidad entre quién era alguien hace diez años, hace diez días y hoy.[6] Ahí tienes a Jorge Mario Bergoglio. En su juventud, trabajó como portero de bar, conserje y técnico de medio tiempo, responsable de las materias primas en un laboratorio químico en Buenos Aires. Hoy está en Roma y dirige una organización que tiene 1 345 mil millones de seguidores. Elegido por el Colegio Cardenalicio en 2013 como líder de la Iglesia católica, Bergoglio es ahora el papa Francisco, nombre que eligió en honor a san Francisco de Asís.

Claramente Bergoglio ha cambiado. Ya no es la misma persona que era hace décadas en Argentina. ¿Entonces qué hace que Mario Bergoglio sea el papa Francisco? ¿Qué une a nuestro yo del pasado con nuestro yo del presente y del futuro? ¿Cuál es la propiedad esencial que hace que tú seas «tú»?

Si lo reducimos a su esencia más elemental, la identidad se refiere a cómo la gente responde a la pregunta «¿Quién soy?».

Aquellos viejos tiempos

En épocas históricas anteriores, la identidad no era un problema tan importante. Hasta cierto grado, cuando las sociedades eran más estables, la identidad se asignaba y se asumía. Al vivir en comunidades más pequeñas donde la gente se quedaba en su sitio, uno sabía quiénes eran los demás. Parte de su identidad con frecuencia se reflejaba en su nombre.

Los apellidos comenzaron a usarse extensamente en Inglaterra después de la conquista normanda en 1066. Conforme la población creció, la gente necesitó ser más específica cuando hablaba de alguien, así que se agregó un apellido. De acuerdo con las listas del impuesto de capitación de Ricardo II, para 1381 la mayoría de las familias inglesas había adoptado la práctica de tener un apellido hereditario.[7]

Un grupo de investigadores británicos realizó un estudio de seis años que rastreó los orígenes de cada apellido compartido por al menos cien personas en el Reino Unido en el censo del 2011. La mayoría de los nombres caían en una de cuatro categorías. Los más comunes, los nombres locativos, describían dónde vivía uno. Los Underhills («bajo las colinas») se podían encontrar al pie de la colina. Los Ford («un vado») estaban en un cruce de río. Y los Atwaters («en el agua») vivían cerca del lago. El segundo grupo más grande reflejaba la ocupación. Smith («herrero»), el apellido inglés más común, trabajaba con el metal. No es ninguna sorpresa que Baker («panadero») fuera el nombre ocupacional de alguien que horneaba pan. Los Archer («arquero») con frecuencia eran arqueros profesionales. Los apellidos patronímicos usualmente se basaban en el nombre propio del padre, lo cual decía quién era tu padre. John Davidson era el hijo de David. La última categoría era los apellidos ingleses derivados de apodos. Longfellow («tipo alto») era ese alto al final de la barra. Lilywhite («el lirio blanco») no tomaba mucho el sol. La familia Merriman («los alegres») tenía buen carácter.

En nuestro mundo contemporáneo, muchas de las fuentes sociales tradicionales de identidad se han debilitado.[8] La globalización ha socavado nuestra historia nacional compartida y nuestra identificación con el país.[9] Somos más móviles y es menos probable que nos quedemos en las comunidades en las que nos conocen. Un número creciente de gente ya no se identifica con un grupo religioso.[10]

Con las fuentes tradicionales de identidad ayudando menos a responder a la pregunta «¿Quién soy?», la gente está buscando otras alternativas. El mundo moderno ha dado paso a nuevas formas de autoidentificación.

Definir quién somos por cómo actuamos

Vivimos en una cultura obsesionada con el desempeño. Una fijación con la forma en la cual nos desempeñamos se ha filtrado al trabajo, la escuela, los deportes juveniles e incluso las redes sociales. La calidad de nuestro desempeño tiene un impacto en cómo nos definen los demás, pero, de manera más importante, cómo nos definimos a nosotros mismos.

El desempeño humano se encuentra en el centro de un cambio de paradigma que está ocurriendo en los negocios. Las organizaciones corporativas se están alejando del modelo de arriba hacia abajo que elevaba la productividad al extraer más de sus empleados para cambiarse a un modelo de desempeño que busca liberar el potencial humano en el lugar de trabajo. Hay muchas fuerzas que convergen para apoyar este cambio, pero la principal entre ellas es la necesidad de las organizaciones de ser innovadoras, rápidas y ágiles de cara a un ambiente de negocios impredecible que cambia rápidamente. La pregunta crucial que los líderes hacen es: «¿Cómo creamos las condiciones internas y externas que necesitan las personas para desempeñarse en su máxima capacidad?».

La tecnología se coló en la fiesta del desempeño. Impulsadas por el adagio «No puedes mejorar lo que no puedes medir», ahora tenemos métricas de desempeño para casi todo lo que hacemos. Los dispositivos digitales y las aplicaciones miden los sustratos del desempeño humano. Horas de sueño. Calorías consumidas. Tiempo administrado. Flujo de trabajo. Productividad. Compromiso. Bienestar. Impresiones. Seguidores. *Likes*. Comentarios. Alcance social. Tasa de clics. Respiraciones tomadas. Respiraciones sostenidas.

El desempeño es el motor principal de una industria deportiva juvenil en expansión que sigue cada vez más el modelo del deporte profesional. Entrenadores privados, entrenamiento implacable y una especialización intensa desde temprano se han vuelto la norma ahora que los padres presionan a sus hijos a tener una ventaja en la falsa idea popular de que diez mil horas de práctica deliberada van a pavimentar su camino hacia la grandeza, o al menos hacia una beca universitaria.[11]

La obsesión por el desempeño se refleja en la cultura popular. Los pódcast ofrecen pistas para alcanzar la maestría. Los libros liberan códigos de grandeza, extraen sabiduría de las personas atípicas y revelan las herramientas de los titanes. Los gigantes de la consultoría prometen «equipar a la gente y organizaciones para desatar un desempeño sostenido». Los instructores de renombre comparten sus travesías, mentalidades y aprendizajes en cursos en línea. Las listas de los diez principales nos muestran los atajos y los trucos hacia la cima del alto desempeño, aunque, en realidad, no hay ninguno.

Nuestra cultura celebra obsesivamente la excelencia individual y a los que tienen habilidades en actividades y profesiones específicas. Alguna vez necesitamos conjuntos de habilidades generalizadas para sobrevivir —cazar, recolectar, cultivar alimentos, construir moradas, cuidar de la familia—, pero eso ha cambiado. El auge de la tecnología abrió las puertas a la especialización. La gente ahora puede enfocarse en una sola cosa. El experto en redes sociales. El genio del mercado de acciones. El *influencer*. La superniñera.

Basar el valor propio en los resultados del desempeño

En lugar de definirnos por lo que hacemos (identidad profesional) o dónde lo hacemos (identidad organizacional), una identidad basada en el desempeño se define por lo bien que hacemos algo en relación con los demás. Cuando nuestra identidad está vinculada al desempeño, la calidad de este define quiénes somos. Llegamos a un entendimiento de quiénes somos al comparar nuestros resultados de desempeño con los de otros. *Soy mejor que la vasta mayoría de la gente en* ____________________ (rellena el campo). Nos identificamos de forma relacional. El científico del desarrollo y profesor asociado de investigación en la Universidad del Sur de California, Ben Houltberg (doctor y consejero matrimonial), quien ha estudiado extensamente las motivaciones detrás de la búsqueda de la excelencia, dice que una identidad basada en el desempeño se define por tres factores: una autoestima contingente, un miedo amenazador al fracaso y el perfeccionismo.

Creemos que si nos desempeñamos con éxito entonces nos sentiremos bien con nosotros mismos. *Si publico ese libro... Si puedo cerrar ese trato... Si me dan ese ascenso... Si acabo esa lista de cosas por hacer... Si entro al cuadro de honor... Si vuelvo a ser el mejor agente de ventas este año... Si me nominan para un Oscar... Si gano el torneo de nuestro club local... Si gano Wimbledon... Si mi publicación en las redes sociales se vuelve viral...* Nuestra autoestima se vuelve dependiente de nuestro desempeño y del resultado del acontecimiento. Lograr nuestro objetivo del desempeño solamente nos brinda un alivio temporal, porque justo detrás de ese desempeño se encuentra el siguiente. Nuestra autoestima se vuelve el derivado de una serie de frases del tipo «si esto, entonces esto otro» y terminamos en una espiral sin fin en busca de nuestro valor propio.

La búsqueda de la excelencia y el alto desempeño es importante. Aprendemos sobre nosotros mismos al hacer cosas difíciles y poner a prueba las fronteras de nuestros límites percibidos. Pero cuando la principal motivación de buscar la excelencia es probar nuestro valor propio, los errores, los fracasos, las opiniones y las críticas se experimentan como amenazas y no como oportunidades de aprendizaje.

Cuando nuestro valor propio se basa en los resultados del desempeño, es mucho más fácil ir a lo seguro y no intentar nada. Si eso que somos se basa en lo que hacemos, entonces el hacer se vuelve una de las amenazas más grandes que enfrentamos. Evitamos situaciones en las que pensamos que podríamos fallar. Perdemos la libertad de ponernos a prueba y ver de qué estamos hechos. Al perfeccionismo no lo impulsa un esmero sano por la excelencia, sino más bien un esfuerzo por evitar el juicio negativo de otros y la vergüenza de no estar a la altura de nuestra identidad.[12] Anhelamos la aceptación y la pertenencia, pero creemos que esas necesidades solo pueden cumplirse si nuestro desempeño cumple o rebasa las expectativas.

Las personas con identidades basadas en el alto desempeño constantemente asumen y se pierden en sus pensamientos sobre lo que los demás piensan de ellas y reflexionan muy poco sobre ellas mismas. Es una respuesta o reacción casi automática. Las suposiciones están tan implícitas y son tan rápidas que reaccionamos sin considerar si los pensamientos puedan ser un derivado de nuestro miedo e inseguridad.

El doctor Houltberg señala que la identidad no opera solamente dentro del ámbito de especialización de una persona. «Es un patrón de pensamiento que se transfiere a otras áreas».[13] Se manifiesta en las relaciones. Evoluciona en el trabajo y en la crianza. «Si no se atiende, se desborda en toda tu vida al punto en que siempre sientes que tu valor e identidad se basan en tu desempeño».

La gente que desarrolla una identidad basada en el desempeño tiende a desenvolverse bien según medidas objetivas, pero la identidad se refuerza por validación externa. Los elogios y las opiniones de otros alimentan la identidad. Un modelo basado en el desempeño puede funcionar, pero no es sostenible. La necesidad exhaustiva de desempeñarse desgarra por completo el bienestar, las relaciones y el propio potencial de alguien.

Una identidad basada en el desempeño constituye una parte esencial de quiénes son al grado que si la identidad se perdiera o se destruyera, ya no podrían sentirse ellos mismos.

La identidad basada en el desempeño no debe confundirse con la autoeficacia. La autoeficacia es una creencia en la propia capacidad para desempeñar cierta tarea.[14] La identidad basada en el desempeño es una creencia sobre quién eres con base en el resultado de la tarea o tareas desempeñadas.

Parte del atractivo de una identidad basada en el desempeño, a diferencia de otras identidades laborales, es que es transferible.

Se puede llevar de una empresa a otra, e incluso entre trabajos, a veces eso tiene atractivo en una era en la que cambiamos de carreras y puestos con mayor frecuencia.

Una casa construida sobre la arena

El desempeño está hecho para ser una expresión de quiénes somos, no una definición de quiénes somos. Cuando nos definimos por el desempeño, construimos nuestra identidad en una casa de arena. Qué tan bien hagamos algo en la vida cambia con el tiempo. Atar nuestro sentido del yo al desempeño y a la aprobación que viene con ello, crea una placa de Petri para el estrés, la ansiedad y la depresión.

Identidad comprometida

Lo que me ha parecido preocupante es cuando los jóvenes se enfrascan en una identidad basada en el desempeño desde una edad temprana. En psicología, esto se llama identidad comprometida, un proceso en el que la gente se compromete de forma prematura con una identidad antes de que haya tenido la oportunidad de explorar y contemplar todas las opciones. De los 12 a los 18 son años cruciales para la formación de la identidad. Este es el periodo en el que comenzamos a descifrar quiénes somos. Probamos con distintos tipos de música. Probamos con nuevos amigos. Nuevas actividades. Nuevos intereses. Investigamos nuevas ideas sobre nosotros mismos.

En lugar de pasar por ese proceso, veo a tantos jóvenes talentosos que son atletas, artistas y estudiantes y que dejan de explorar su identidad y se identifican con esa actividad que les proporciona elogios. Cuando alguien le pide a un atleta o celebridad joven un autógrafo o una foto por lo que hacen, por cómo se ven o por la forma en que se desempeñan, puede crear confusión a cómo esas personas le aportan valor al mundo. «Soy un atleta» puede ser una de las afirmaciones que más limitan el crecimiento de una persona joven, a pesar de que es en apariencia benigna. El éxito de su desempeño se vuelve la base de su identidad. Es fácil entender cómo gente joven y talentosa compromete su identidad. Dedican tanto de sus vidas a esa única actividad. Muchas de sus conversaciones durante esos primeros años son acerca de cómo les fue en el entrenamiento, el último partido, el desempeño o la escuela. En medio de la confusión normal de la adolescencia, la idea de enfocarse en una sola identidad concreta puede verse muy atractiva. Sobre todo si viene con reflectores alimentados por dopamina y que se basa en los elogios. *Soy atleta. Soy bailarina. Soy violinista. Soy estudiante del cuadro de honor.*

En el pódcast *Finding Mastery* mantuve una conversación con la medallista de oro olímpica Missy Franklin sobre cuándo el desempeño se vuelve la base de la identidad de alguien.[15] Missy ganó la sobresaliente cantidad de cuatro medallas de oro y una de bronce en su debut olímpico en 2012, cuando apenas tenía 17 años. Sus padres habían sido muy conscientes del valor de asegurarse de que tuviera una base amplia para su identidad. «Nunca fui solamente Missy la nadadora. Primero que nada era Missy la hija. Y luego fui Missy la amiga. Y después Missy la nadadora, Missy la estudiante, Missy lo que fuera. Se aseguraron de que supiera que tenía mucho más que ofrecerle al mundo que solo lo que podía hacer en una alberca».

Cuando el desempeño falla, el edificio se derrumba. Cuando los reflectores se apagan, cuando los elogios callan, cuando alguien más sube al podio, entonces la identidad sobredimensionada se expone. Aunque Missy ganó una medalla de oro en las Olimpiadas de Río de Janeiro cuatro años después, su desempeño general no igualó al de los Juegos Olímpicos anteriores. «Por primera vez en mi vida fracasé de verdad y tuve que experimentarlo. Me di cuenta de cuánto de mi propia identidad y de mi valor propio había puesto en la natación, así que cuando me quitaron eso, mi mundo se estremeció por completo». Esto viene de alguien cuyos padres fueron increíblemente deliberados en no limitar su identidad. El compromiso de la identidad es un callejón sin salida, incluso para gente con mucho criterio.

Cuando tenemos éxito precoz, es fácil confundirse sobre cómo aportamos valor al mundo.

Autoprotección

Cuando ponemos todo nuestro valor en el desempeño por supuesto que haremos todo lo posible para proteger la imagen que tenemos de nosotros mismos. Como señala el doctor Houltberg: «Una de las consecuencias más significativas de la identidad basada en el desempeño es que requiere que la gente dedique esfuerzo cognitivo y conductual a mantener su identidad de cara a las asimetrías».[16]

Una identidad basada en el desempeño es proclive a episodios de autosabotaje inconsciente. Nos predisponemos a fracasar para evitar saber si habríamos fracasado. Nos inventamos una excusa para el caso de que los resultados no cumplan con nuestras expectativas.

Por ejemplo, preparas varios días para una presentación importante, pero te quedan un par de cabos sueltos que necesitas atar. En vez de completar los detalles finales de la exposición y entrar a esta con total seguridad, te vas de fiesta con tus amigos la noche antes de la junta. Cuando la presentación no sale como esperabas, le echas la culpa a haber salido. Les dices a tus amigos y a ti mismo: «No debí salir anoche. Fue un terrible error». Enterrado en el subtexto de tu afirmación está la implicación de que te habrías desempeñado bien, pero tu elección debilitó tu desempeño. Puede que cuestiones tu criterio, pero no tu capacidad de desempeñarte. Nunca te habrás puesto a prueba, o al menos eso parece. Habrás elegido conservar tu identidad en lugar de usar la presentación como una oportunidad para descubrir algo de ti, para ver si tienes las habilidades requeridas de enfrentar el reto.

Hay otras estrategias que se emplean para mitigar la amenaza a la identidad basada en el desempeño. Descartamos la fuente de la opinión. Atacamos o criticamos a la persona que sentimos que nos critica para desacreditarlos. Respondemos con racionalización y una evaluación selectiva de las pruebas. Construimos contraargumentos. Ignoramos la información que va en contra de nuestras propias creencias. La fuerza de estas respuestas depende de qué tanto esa opinión afecte el núcleo de nuestra identidad.

Una identidad basada en el desempeño no es sostenible con el tiempo. Nuestros cerebros ancestrales están programados para detectar amenazas en nuestro ambiente, pero no son muy buenos para distinguir entre las amenazas a nuestro yo físico y nuestro yo social. Cuando nuestro valor propio está vinculado a nuestro desempeño, simplemente la anticipación del desempeño puede detonar la misma reacción del sistema nervioso simpático que si hubiera un tigre en los arbustos. La cadena de reacciones rápidas dentro del cuerpo, diseñada por la naturaleza para movilizarnos y así poder lidiar con circunstancias amenazadoras, nos deja vacíos para cuando el partido empieza o se hace la presentación. No estamos diseñados para escapar de tigres dientes de sable diez horas al día, pero es eso lo que hacemos cuando nuestra identidad está anclada en nuestro desempeño.

Una casa construida sobre piedra

El mayor bastión contra el FOPO es tener un fuerte sentido del yo. Si sabes quién eres, la opinión de los demás deja de ser una amenaza constante. Queremos construir nuestra identidad alrededor de lo que somos, no de lo que hacemos, no de qué tan bien lo hacemos, no de con quién lo hacemos y no de dónde lo hacemos. Como dice Joseph Campbell: «El privilegio de toda una vida es ser quien tú eres».[17]

Para poner los cimientos de un fuerte sentido del yo, la máxima es no centrarse en sí mismo. Superar el FOPO no es pensar menos en ti, sino pensar en ti mismo menos seguido. El FOPO es autorreferencial. Nuestra atención se dirige a nosotros mismos. Para equilibrar eso podemos alejar nuestra atención de nosotros mismos si hacemos un compromiso fundamental de aprendizaje y propósito. Esto nos lleva a una forma completamente nueva de experimentarnos a nosotros mismos y al mundo que nos rodea.

Mentalidad de aprendiz

Integra la capacidad de descubrimiento en tu sentido del yo. Hacer esto te da el espacio interno para crecer y cambiar, y la libertad para equivocarte o reconocer que no sabes algo. Como cada momento es completamente nuevo, queremos construir un marco psicológico que nos permita descubrir la esencia de cada momento que transcurre. Una mentalidad de aprendiz. Para adoptar una mentalidad de aprendiz necesitamos soltar todo lo que «sabemos» para dejar espacio a lo que no sabemos. Una parábola zen ilustra la idea.

> Un estudiante fue con un monje de renombre y le pidió que le enseñara el budismo zen. Poco después de que el monje arrancara

con su discurso, el estudiante lo interrumpió y dijo: «Eso ya lo sé». Fue un intento de impresionar al monje.

El monje sugirió que hablaran del asunto con un té.

Cuando el té estuvo listo, el monje lo sirvió en una taza, la llenó hasta el tope y luego siguió vertiendo, derramando el té por todos lados y en la mesa.

El estudiante veía la taza derramarse hasta que ya no pudo contenerse: «¡Basta! No puedes servir té en una taza llena».

El monje bajó la tetera y contestó: «Exactamente. Regresa cuando tu taza esté vacía».

Anclar nuestro sentido del yo al descubrimiento no es lavarse las manos para evitar comprometernos con quienes somos. Más bien es simplemente reconocer que con el tiempo cambiamos. Todo el mundo cambia con el tiempo. No soy la misma persona que era cuando comencé a escribir este párrafo. Tú no serás la misma persona que eres ahora para cuando leas el final de este párrafo. Eso no es un reflejo de las palabras en la página, sino de la realidad de que cambiamos continuamente. Es importante reconocer que lo que somos en este momento no es el final de eso en lo que nos estamos convirtiendo. Como lo señala el profesor de Psicología de Harvard, Dan Gilbert, «los seres humanos son obras en progreso que creen, equivocadamente, que están completos».[18] En cada punto de nuestra vida, tendemos a imaginar que lo que somos en un momento dado es la persona que seremos por el resto de nuestras vidas, una idea equivocada que Gilbert llama la «ilusión del fin de la historia».[19]

Gilbert y sus colegas hicieron una serie de estudios en donde a más de 19 000 participantes se les preguntó qué tanto habían cambiado en los diez años anteriores y/o qué tanto pensaban que cambiarían en la próxima década. Las personas, independientemente de su edad, reportaron que cambiaron más en los últimos diez años de lo que se habrían imaginado una década antes. Pero también creían que el patrón de cambio estaba por terminar. Ya fueran de 18 o de 68 años, los participantes creían que podían crecer y cambiar relativamente poco en el futuro. De ahí que sea la ilusión del fin de la historia.

La tendencia a creer que hemos llegado a la persona en la que nos vamos a convertir tiene implicaciones para nuestro sentido del yo. La creencia de que «esto es lo que soy ahora y soy una obra en progreso» es cualitativamente distinta a «esto es lo que soy». Esta última da pie a una identidad rígida e inflexible que es más susceptible al FOPO.

En lugar de evitar la incomodidad que surge cuando las opiniones de los demás cuestionan nuestra identidad, podemos aprender a aceptarlas. Ser curiosos sobre el origen de las ideas. Nos podemos entrenar para poner esas opiniones a contraluz, para buscar la verdad en ellas. Ser curiosos sobre quién da la opinión y explorar cómo podemos aprender de esta. La curiosidad no siempre se siente bien, pero es una señal de crecimiento.

Después de pasar más de dos décadas trabajando con atletas, artistas y líderes industriales de clase mundial, es evidente para mí que pasan más tiempo en la zona de incomodidad que otros. Se quedan en ella y es difícil, y no crean excusas para alejarse de las experiencias con carga emocional.

Puedes practicar esa misma habilidad cuando la opinión de alguien active un botón de ansiedad (o en cualquier momento que te sientas desafiado). Sonríe, respira y sé firme. Ahí estás y ese espacio es donde pasan los descubrimientos. En lugar de simplemente tratar de escapar de la intensidad, tómate un momento para explorar el panorama mientras estás ahí. Con el tiempo, la retroalimentación de los demás, sin importar si le dan al blanco o fallan, se vuelve una oportunidad para aclarar quién eres. Este enfoque de aceptar el estrés en la vida ayuda a construir una increíble capacidad mental y, con el tiempo, la presión y la tensión fortalecen nuestra capacidad de sentirnos en casa en cualquier ambiente, bajo cualquier circunstancia.

La naturaleza ofrece una metáfora de cómo el estrés y la tensión construyen fortaleza.

En 1991, ocho personas entraron en una Tierra miniatura de tres acres, futurista y hermética llamada Biosfera 2 para estudiar la sostenibilidad. Ubicada en Oracle, Arizona, fue un precursor en la vida real del sistema cerrado en la película de Matt Damon, *Misión rescate*. La planeación y construcción del proyecto duró siete años. Los ambientes naturales en el interior incluyeron una selva tropical, una sabana con pasto y árboles, un desierto, humedales con manglares y un arrecife de coral en un océano de 7.5 metros de profundidad y 45 de extensión.

Biosfera 2 enfrentó muchos retos, pero un misterio desconcertante fueron los árboles que se caían. Los árboles crecían más rápido dentro del domo, pero se colapsaban antes de llegar a su altura completa. Los científicos estaban atónitos hasta que se dieron cuenta de que no habían incluido el elemento natural del viento. Los árboles necesitan el viento para fortalecer su sistema radicular. El viento mece el tronco del árbol y les pone tensión a las partes delgadas de las raíces, lo que provoca que se astillen y crezcan a mayor profundidad. Por eso un árbol plantado debe tener el suficiente soporte para mantenerse erguido. La copa del árbol necesita mecerse y moverse con el viento para construir un tronco y un sistema radicular fuertes.

Valorar el propósito por encima de la aprobación

Desde tierna edad estamos condicionados a buscar aprobación. Ese condicionamiento se arrastra hasta la adultez, donde buscamos aprobación de jefes, parejas, amigos y colegas. Con el tiempo, desarrollamos un mecanismo integrado para ver fuera de nosotros mismos y comprobar que todo esté bien. Pero no estamos limitados a ese sistema reflexivo. Tenemos otra elección: el propósito.

El propósito es la creencia de que estás vivo para hacer algo. Es una intención generalizada, derivada internamente, que es tanto significativa como consecuente para el mundo más allá de ti. En resumen, tu propósito te importa a ti. Tiene un valor intrínseco para ti. Es más grande que tú. Y el propósito está orientado hacia el futuro.

En lugar de buscar fuera de nosotros para ver si los demás nos aprueban, podemos renovar ese mecanismo para voltear hacia adentro y revisar de nuevo nuestro propósito. «¿Estoy siendo fiel a mi propósito?» se vuelve el nuevo punto de referencia en lugar de «¿Le caigo bien a la gente?».

El propósito, en lugar de la aprobación, se vuelve el filtro a través del cual tomamos decisiones, establecemos prioridades y hacemos elecciones. Revisamos para ver si nuestros pensamientos y palabras están a la altura de nuestro propósito.

A primera vista, el objetivo de la competición, ya sea en el deporte o los negocios, es ganar. Pero esos individuos u organizaciones que ganan constantemente —y lo hacen durante un periodo largo— tienden a estar impulsados por algo más que el podio o el precio de las acciones. El propósito no es un prerrequisito para el desempeño a alto nivel, pero cuando nuestras vidas están ancladas en un propósito, tenemos más resiliencia de cara a los desafíos.

Cuando algo nos importa, haremos lo que sea necesario. Eso vale para un ser querido, para una idea, para la vida que quieres vivir. No nos importa cómo nos vemos o lo que otra gente piense de nosotros. Estamos profundamente conectados con lo que hacemos en el momento presente.

El propósito, como lo describe Ben Houltberg, es un motivador poderoso que organiza nuestro sentido de la identidad alrededor de lo que más valoramos. Leonard Hamilton, el entrenador de basquetbol de la Universidad Estatal de Florida, le escribió una carta a Jim Nantz, el legendario comentarista, que nos muestra cómo es cuando el propósito está incrustado en nuestra identidad:

> Nunca tengo un mal día. La medida de cómo quiero que me recuerden como entrenador va más allá de las victorias y las derrotas. Quiero ver a mis jugadores volverse buenos padres y esposos. Es una victoria cuando los puedo ver más adelante como líderes de sus familias. Ese es el récord que me importa. Cuando me llaman y me dicen que se van a casar, cuando me invitan a su boda, cuando me piden que sea el padrino de su primer bebé. Esas son las victorias que me importan.[20]

Para la gente con una identidad basada en un propósito, no es la evaluación de otros lo que los impulsa o los alimenta. Es el significado de lo que hacen y el potencial del impacto que pueden tener.

Son dos combustibles muy diferentes. Uno es sostenible y el otro te consumirá.

De la idea a la acción

Puedes usar cualquier situación para practicar desconectar tu identidad de la aprobación de los demás si contrastas esa situación con tus valores centrales. Los valores centrales son creencias fundamentales, principios rectores que dictan tu comportamiento.

Anota cinco valores centrales y ve cómo se sostienen en una situación en la que tu identidad se siente amenazada. A manera de ejemplo, digamos que la expresión creativa es uno de tus valores centrales. Próximamente tu empresa tiene un evento de gala, pero quieres usar un *blazer* morado. Sabes que la gente va a reaccionar. Empiezas a darle vueltas en tu cabeza: «Mis colegas van a pensar que soy inapropiado o que quiero atención». En ese momento, metes el freno y dices: «Espera. ¿Mi valor *central* es la expresión creativa o me adapto a lo que los demás piensen?». Usa esa tensión para contrastar el FOPO («¿Qué van a pensar de mí?») con tu valor central. Entonces podrás tomar una decisión con conocimiento de causa. Quizá decidas: «Bueno, mi primer principio es la expresión creativa, pero el evento de la empresa no es el momento correcto para expresarlo». O bien te despreocupas por completo y te pones ese *blazer* morado.

Si tienes claro cuáles son tus valores centrales, cada vez que surja la amenaza de la opinión de alguien más, dispondrás de un mecanismo para analizarla. Este enfoque te saca del circuito repetitivo y de cavilación del FOPO («¿Qué van a pensar?») y lo remplaza con una respuesta mesurada que pone tus principios en primer plano. Cambia el enfoque al contenido de la experiencia, en lugar de ser un referéndum sobre tu identidad, y te da el poder de una elección consciente.

5

Delegar tu valor propio a un *outsourcing*

Un hombre no puede sentirse cómodo sin su propia aprobación.

MARK TWAIN

En agosto de 2017, Hillary Allen estaba por terminar su doctorado en Neurociencias, también era la número uno del mundo en el deporte de *skyrunning*, que en esencia es correr en montañas elevadas alpinas, pero con un enfoque en los desniveles y la técnica. Si la carrera de senderos rodea la montaña, el *skyrunning* sube y baja de ella. Es el equivalente a correr un ultramaratón por una montaña.

En un receso de verano de dar clases de ciencias en la universidad, Hillary había ido a Europa para competir durante tres meses. Como contó en el pódcast *Finding Mastery*, estaba a mitad de la carrera final del verano en Tromsø, Noruega, en el Círculo Polar Ártico. Al correr por una cresta, vio a un fotógrafo que la esperaba para tomarle una foto justo cuando doblara la esquina en un tramo técnico de la carrera. El apodo que le había puesto a Hilary era «la Sonriente», porque siempre sonreía, incluso cuando algo le dolía. Ella le dijo: «Hola, Ian». Él le contestó: «Nada más dame una gran sonrisa en esta esquina». Ese fue el último momento de la carrera que ella recuerda.

Pisó una roca suelta, se resbaló y cayó desde la orilla de un risco. El horizonte se puso de cabeza y ella intentó jalar aire. Escuchó su propia voz que le decía que respirara profundo, que iba a morir y que permaneciera tranquila porque el asunto terminaría pronto. Hillary cayó 45 metros, rebotando por la montaña varias veces antes de que su cuerpo se detuviera en una sección vertical e inhóspita de roca. Se rompió 14 huesos, incluyendo los dos pies, las dos muñecas, las vértebras L4 y L5 de la espalda y cinco costillas.

Un competidor que la había visto caer arriesgó su propia vida para bajar a alcanzarla. Tenía heridas expuestas y estaba llena de sangre. No se le ocurrió buscar signos vitales. Pensó que estaba recuperando un cadáver. Hillary jadeó con dificultad y recobró el conocimiento. Las primeras palabras que le dijo a su rescatista fueron: «¿Voy a estar bien?».

Aunque la respuesta de Hillary en un momento de crisis es completamente normal debido a esas circunstancias, también ilustra el reflejo de revisar con otros para medir cómo nos encontramos.

El deseo de saber que estamos bien se manifiesta en todas las áreas de la vida en las que acecha la incertidumbre. La sala de partos. La sala de juntas. La recámara. El aula. Cuando estamos asustados, angustiados y confundidos, buscamos la respuesta dentro o fuera de nosotros, en la autoridad percibida, en las opiniones de los demás. El que miremos hacia dentro o hacia fuera para responder la pregunta, si es que llegamos a hacer la pregunta «¿Estoy bien?», viene determinado en última instancia por una cosa: el valor propio.

El valor propio

Es nuestro sentido del valor como seres humanos. Describe las creencias centrales que tenemos sobre nuestro valor y mérito. Nuestro valor propio es una medida interna. Es cómo nos vemos a y cómo nos percibimos. De dónde obtenemos nuestro valor propio y cómo pensamos en él tiene un impacto enorme sobre nuestra susceptibilidad al FOPO. La gente difiere en lo que cree que debe ser o hacer para poder tener valor o mérito.

William James, considerado el padre de la psicología estadunidense, escribió: «Nuestra autopercepción en este mundo depende por completo de lo que consideramos que somos y hacemos. Está determinada por la proporción entre nuestras realidades y nuestras supuestas potencialidades... Así que el que busca su yo más verdadero, fuerte y profundo debe revisar la lista con cuidado y elegir a cuál apostar para su salvación».[1] James creía que la autoestima se basaba en dos elementos: nuestros logros y nuestras aspiraciones. Demostró esta idea con una simple fórmula matemática:

$$\text{Autoestima} = \frac{\text{Éxitos (logros)}}{\text{Pretensiones (metas)}}$$

Cómo nos sentimos respecto a nosotros mismos, de acuerdo con James, puede impulsarse de dos maneras. Podemos lograr más, aumentar el numerador en la fórmula de James. O podemos ajustar nuestras aspiraciones para el yo que queremos ser al seleccionar metas más modestas, pero más relevantes en las áreas por las que nos definimos.

Siguiendo el ejemplo de James, Jennifer Crocker y Connie Wolfe introdujeron el constructo «contingencias del valor propio» para describir las áreas en las que basamos nuestro valor y mérito personal.[2] La idea es que el valor propio es un juicio sobre uno mismo, así que debe estar basado en algunos criterios. La gente elige distintas áreas para asegurar su valor propio, dependiendo de sus objetivos en el mundo. En su estudio longitudinal de 642 universitarios de primer año, Crocker y Wolfe establecieron siete dominios distintos en los que era más probable que los estudiantes pusieran en juego su valor propio. Cinco de las áreas fueron externas: la apariencia (qué tan atractivo se siente el individuo a los ojos de los demás); la competencia académica (la capacidad de cumplir objetivos personales de rendimiento académico); la competición (ser mejor que otros); la aprobación de otros (cómo otras personas evalúan al individuo); y el apoyo familiar (el cumplimiento de lo que la familia quiere que haga el estudiante). Dos áreas fueron internas: el amor de Dios (el amor y aceptación de Dios) y la virtud (normas éticas interiorizadas).

Nuestro juicio sobre nuestro valor propio depende de los resultados en esas áreas. El valor propio de una persona puede depender de su competencia académica, mientras que el de alguien más puede estar condicionado por lo atractivo que se siente a los ojos de los demás o por el amor y la aceptación de Dios. Los sentimientos globales del valor propio se basan en el éxito o el fracaso percibidos en esas áreas de las que depende el valor propio. El éxito no solo significa que cerré el trato, sino que soy valioso y digno.

Solo hacemos juicios sobre nosotros en esas áreas en las que plantamos nuestra bandera del valor propio. Es por eso que dos personas podrían tener reacciones ampliamente diferentes ante la misma experiencia. Sacar un nueve en un examen de matemáticas podría ser una experiencia devastadora para alguien cuyo valor se basa en lo académico, pero ese mismo nueve podría no significar nada para un amigo cuyo valor propio no depende de los resultados académicos.

Para el estudio, Crocker encuestó a los estudiantes antes de comenzar la universidad para saber la base de su valor propio, y dos veces cerca del fin del año escolar.[3] Más del 80% dijo que la competencia académica, el 77% expresó que el apoyo de su familia, el 66% manifestó que ser mejor que otros y el 65% refirió que su apariencia.

El estudio reveló los sacrificios de estudiantes que buscaban validación externa de su valor o mérito. Los datos mostraron que basar el valor propio en fuentes externas, como el desempeño académico, la apariencia y la aprobación de otros, tenía un impacto negativo en la salud física y mental. La inestabilidad de la dependencia del valor propio en la validación externa llevó a un mayor estrés, más ira, dificultades en las relaciones y un desempeño académico menor. Esos estudiantes también tuvieron una mayor tendencia al consumo de drogas y alcohol y más síntomas de trastornos alimenticios. Por el contrario, los estudiantes que basaban su valor propio en fuentes internas (la fe religiosa y la virtud) rendían mejor en la escuela, tenían menos estrés y menos tendencias a las drogas, el alcohol y los trastornos alimenticios.

Externalizar nuestro valor propio, cuando funciona, puede producir beneficios a corto plazo. Tenemos una recompensa emocional y química cuando logramos algo. Nuestro hipotálamo produce dopamina, a menudo conocida como el neurotransmisor que nos hace sentir bien. Nuestra autoestima se eleva, lo que nos deja una sensación de seguridad, confianza y superioridad.[4] Pero la dependencia de la validación externa y la aprobación social tiene un *alter ego* oscuro que se revela con el tiempo.

El precio del valor propio condicional

La teoría de la autodeterminación (TAD) de los psicólogos Richard Ryan y Ed Deci, ampliamente aceptada, marcó un cambio copernicano en nuestra comprensión de la motivación humana, derribando la creencia dominante de que la gente estaba impulsada principalmente por recompensas externas. La TAD sostiene que los seres humanos están impulsados por tres necesidades internas básicas que se deben satisfacer para desempeñarse de manera óptima y experimentar bienestar. Necesitan sentirse capaces y eficaces al cumplir las exigencias del ambiente (competencia). Necesitan un sentimiento de pertenencia y de que otros les importan (conexión). Por último, necesitan autonomía, la libertad de hacer elecciones que se ajusten a sus prioridades, creencias y valores.

La autonomía en este contexto no significa independencia; significa tener iniciativa y control. Es cuando la gente elige hacer algo por la satisfacción inherente que le produce. Si la gente está interesada en una actividad, disfruta con ella y la elige libremente, resulta mejor para resolver problemas, más creativa, más participativa y más resiliente frente a los retos.

Delegar nuestro valor propio en *outsourcing* socava esas necesidades humanas básicas.

El esfuerzo requerido para mantener y proteger el valor propio condicional pone en riesgo tu capacidad para formar relaciones sólidas. Cuando tu valor propio depende del éxito o el fracaso en un área particular, tu principal motor con frecuencia se vuelve el demostrarte a ti mismo y a otros que cumples esas condiciones de valor. Como lo señala Crocker:

> La persona cuyo valor propio depende de ser listo o competente necesita demostrar con frecuencia que los demás son menos listos o menos competentes; la persona cuyo valor propio depende de ser amable y compasivo implícitamente requiere que los demás sean menos amables y menos compasivos. Porque, ¿cómo puedo convencerme a mí mismo y a los demás de que soy listo o bueno si tú eres más listo o mejor que yo? Así, al buscar la autoestima no solo necesitamos ser competentes, tener la razón o ser buenos, sino que necesitamos ser más competentes que los demás, tener la razón «por encima» de ellos o ser «más buenos» de lo que son.[5]

Enfocarse en uno mismo a través de los ojos de los demás —«¿Qué piensan los demás de mí? ¿Cómo me estoy desempeñando?»— obstaculiza nuestra capacidad de estar en sintonía con las necesidades de los demás y responder a ellas.[6] En vez de voltear hacia fuera para conectar, lo hacemos hacia dentro para defendernos o atacar. Múltiples estudios han mostrado que cuando nuestro valor propio está amenazado, respondemos culpando a otros, retirándonos, poniendo excusas y expresando ira o agresividad, lo cual daña aún más una relación.[7]

Cuando cuestionan nuestro sentido del valor propio, tendemos por instinto a desechar o minimizar la retroalimentación para podernos proteger. Al hacer esto, perdemos acceso a la información sobre opciones y respuestas que podrían permitirnos mejorar lo que estamos haciendo. En lugar de trabajar activamente para lograr nuestras metas, nos obsesionamos con evitar resultados desfavorables.

Quizás por encima de todo, el valor propio que depende de otra cosa otorga poder a las opiniones de la gente sobre nosotros a expensas de la nuestra y debilita la necesidad humana básica de autonomía. Gastamos un enorme número de recursos viendo hacia fuera para saber si estamos bien. Nos sentimos más controlados por lo que otra gente hace, piensa y siente. Cedemos nuestra propia capacidad para tranquilizarnos. Nos cuesta tomar decisiones y asumir compromisos porque buscamos la respuesta fuera de nosotros en lugar de buscar dentro primero. Externalizamos a otros —hacemos *crowdsourcing*— nuestro sentido del yo. Permitimos a otras personas decidir cómo nos sentimos con respecto a nosotros mismos. El grado en que damos poder a las opiniones de otros varía dependiendo del ambiente, la situación y el campo de valor en el que nuestra identidad esté anclada.

Cuando nuestro valor depende de los resultados en un campo que hemos considerado importante, nos apuntamos a una vida de ansiedad y vigilancia. Como nuestros ancestros tribales, vivimos bajo la amenaza constante del ataque, pero no es nuestra seguridad física lo que salvaguardamos. Protegemos nuestro valor propio.

Examinamos el ambiente con la conciencia situacional de Jason Bourne, el personaje de Matt Damon de la franquicia cinematográfica *Identidad desconocida.* Identificamos todas las salidas.

Observamos de cerca a la gente, tomamos notas de las pistas no verbales. La meta es poder predecir las acciones y respuestas de otros. A veces atacamos de forma preventiva antes de que se exprese una opinión. Compartimos una idea creativa en una junta, pero blindamos nuestra propuesta para suavizar el golpe en caso de que no sea bien recibida. «Esto podría ser una mala idea, pero ¿qué tal que...?». Otras veces cambiamos de forma *después* de que una opinión se arrojó al búnker donde habita nuestro valor propio. Cuando nuestro jefe no acepta de inmediato nuestra propuesta, rápidamente abandonamos nuestro punto de vista y apoyamos con entusiasmo una idea que no nos gusta.

Nuestra respuesta al estrés está en alerta elevada y rara vez se apaga. Nuestro sistema nervioso no conoce la diferencia entre un miembro de una tribu rival con una lanza en la mano y un supervisor que nos da retroalimentación constructiva pero difícil de escuchar. Como lo señala el neuropsicólogo Rick Hanson: «Pero lo que también es natural —y se ve en la naturaleza— es que la mayoría de los episodios estresantes se resuelven rápidamente, de una u otra forma. El esquema biológico y evolutivo natural es tener periodos largos de recuperación apacible después de brotes de estrés».[8] Proteger el campo en el que nuestro valor propio está plantado nos expone a un estrés crónico porque continuamente nos bombardean con amenazas, reales y malinterpretadas.

Al externalizar nuestro valor propio, nos encontramos en un bucle interminable para buscarlo. Nos quedamos atrapados cuando nuestro valor propio es una consecuencia, en vez de la causa, de los logros personales. En este constructo, el valor propio se sostiene con los éxitos y logros y está continuamente amenazado por los obstáculos, los fracasos y las opiniones de los demás.

¿Cómo vinimos a dar aquí?

Nos han condicionado y, en algunos casos, enseñado explícitamente a valorarnos con base en condiciones que debemos cumplir para ganarnos el amor y la consideración positiva de otros. Entramos al mundo y dependemos por completo de nuestros cuidadores. Una jirafa recién nacida mide dos metros de altura y puede pararse y correr a la hora de haber nacido. Durante los dos primeros meses de vida, un bebé humano apenas si puede levantar la cabeza sin ayuda. Tarda más de una década antes de que la gente tenga la capacidad de sobrevivir por sí misma. En nuestros primeros años, observamos lo que les complace a nuestros cuidadores —qué conductas se recompensan y cuáles no— y seguimos su ejemplo.[9] Vemos a nuestros cuidadores con los ojos bien abiertos para descifrar lo que necesitamos hacer (y lo que no) para que nos cuiden. Aprendemos desde muy temprana edad que las respuestas de otros tienen un impacto directo en nuestro bienestar.

La mirada condicional de un cuidador es con frecuencia una forma de socializar a los niños, y puede tener un impacto enorme en el valor propio de un infante. Un adulto puede brindar amor y afecto cuando sus hijos exhiben ciertas conductas o atributos positivos. Cubren de elogios por los éxitos obtenidos y porque el niño cumple las condiciones que le han fijado. Por el contrario, el afecto se quita después de una conducta o resultado indeseados. La ruptura induce ansiedad en el niño y motiva un cambio de conducta que, a su vez, se recompensa con afecto y reduce la ansiedad.[10]

Los niños pueden recibir de sus padres el mensaje de que su nivel de valor y aprecio depende de exhibir ciertas conductas o de ser de cierta manera. El subtexto es que no son lo suficientemente buenos para sus padres así como son. Se necesita algo más para ser valioso.[11] Los niños con frecuencia interiorizan la idea y acaban por creer que no son lo suficientemente buenos para nadie, ni siquiera para ellos mismos.[12]

La cultura en general refuerza el mensaje del valor propio condicional. Un mundo académico competitivo hace que los estudiantes crean que las calificaciones y las puntuaciones de pruebas estandarizadas son una medida de su valor. Los publicistas buscan los puntos débiles de los consumidores y crean problemas que no existían para venderles productos que no necesitan.[13] Las redes sociales fomentan la comparación con imágenes idealizadas y cuidadosamente seleccionadas, lo cual mide nuestro valor en términos de seguidores, *likes*, contenidos compartidos y comentarios.

Nos crían con una dieta constante de opiniones, juicios y percepciones de los demás. A lo largo del camino, quizá nos enseñen a pensar de manera crítica y a discernir por nosotros mismos, pero los hábitos bien marcados en la etapa preverbal son difíciles de romper.

Absorbemos e interpretamos los mensajes de nuestro ambiente y los transmutamos en conductas que creemos que son socialmente aceptables. Con el tiempo, ese patrón de conducta determina nuestra relación con amigos, maestros, socios y supervisores.

Valor inherente

El legendario publicista británico Rory Sutherland dijo: «Los ingenieros, los médicos y los científicos tienen una obsesión por resolver los problemas de la realidad, pero la mayoría de los problemas, cuando se llega a un nivel básico de riqueza en la sociedad, son en realidad problemas de percepción». Su punto era que la publicidad agrega valor al cambiar la percepción, no el producto, y que el valor percibido puede ser igual de satisfactorio que el valor real.[14] En el fondo, podemos cambiar una conducta si le contamos una historia a la gente que les haga percibir algo de manera diferente. Podría estar hablando fácilmente de resolver el problema del valor propio condicional.

Podrías complicar de más la solución y hablar de todos los cambios que tienes que pasar para liberarte de la prisión limitante, inestable y agotadora de recursos del valor propio condicional. Podrías ir a terapia de regresión y tener una mejor comprensión de cómo tus cuidadores en tus primeros años te transmitieron mensajes implícitos de valor contingente. Podrías remover los escombros del sufrimiento emocional o físico que soportaste al crecer. Pero no es tan complicado.

Simplemente necesitas reconocer que vales exactamente como eres. No eres tus calificaciones, ya sea un diez o un cinco. No eres tu trabajo, tu edad, el tiempo que hiciste en el maratón, tu lugar en el organigrama, tu situación sentimental, tus cadenas de oro o tus barrotes de la cárcel. Tienes un valor inherente y no está condicionado por nada que hagas o hayas hecho. No está condicionado por qué tan virtuoso has sido o cuántos errores has cometido. Tu virtud y tus fracasos no entran en el cálculo de tu valor como ser humano. Tu valor proviene de tu ser, no de tu hacer.

De la idea a la acción

Toma conciencia de dónde está anclado externamente tu valor propio. ¿Dónde estás externalizando tu sentido del mérito? ¿Cuáles son las áreas en las que necesitas cumplir estándares para poder sentirte digno de algo? No tiene por qué haber solo un área donde tu valor propio esté comprometido; podría estar esparcido a lo largo de unas cuantas. De manera ideal, el valor propio no está condicionado, pero explora las siguientes áreas para entender mejor tu orientación.

Aprobación social	Mi valor propio depende de ser aceptado, apreciado y validado.
Lugar de trabajo	Mi valor propio depende de un nivel de desempeño en el trabajo.
Dinero	Mi valor propio depende de la percepción de riqueza financiera.
Mundo académico	Mi valor propio depende de logros académicos.
Apariencia	Mi valor propio depende de cumplir estándares culturales de belleza.
Comparación social	Mi valor propio depende de ser «mejor» que otros en un área específica.
Virtud	Mi valor propio depende de ser una persona virtuosa.
Crianza de hijos	Mi valor propio depende de los logros y el bienestar de mis hijos.
Poder	Mi valor propio depende de mi sensación de poder.
Amor de Dios	Mi valor propio depende del amor de Dios.
Aprobación familiar	Mi valor propio depende de cumplir los deseos de mi familia.

Saber dónde está plantado tu valor propio puede servirte para entender mejor lo que motiva tus conductas y respuestas y ayudarte a desarrollar una mayor conciencia de tus áreas de vulnerabilidad psicológica.

6

La neurobiología del FOPO

Solo conozco un tipo de libertad, y esa es la libertad de la mente.

ANTOINE DE SAINT-EXUPÉRY

Solos con nuestros pensamientos

«No tengo tiempo para mí mismo». Un lamento común, o un alarde, en una cultura donde estar ocupado ha remplazado el tiempo de ocio como símbolo de estatus. Indicamos tanto nuestra fatiga como nuestro valor social en la misma oración declarativa. Damos a entender que la escasez y la demanda nos vuelven capital humano deseado, pero que nuestras vidas serían mejores si tuviéramos tiempo para nosotros mismos.

Esta es una idea linda: tener más tiempo para nosotros. Pero, como descubrieron Timothy Wilson, profesor de Psicología en la Universidad de Virginia, y sus colegas, muchos de nosotros odiamos estar solos con nuestros pensamientos y llegaríamos a alarmantes extremos para evitarlo.[1]

El equipo de Wilson les pidió a estudiantes universitarios pasar tiempo a solas en una habitación vacía y entretenerse con sus propios pensamientos. Las únicas reglas eran que tenían que quedarse en sus sillas y permanecer despiertos. Después, los participantes respondieron a preguntas sobre cuánto disfrutaron la experiencia y si había sido difícil concentrarse.

La mayoría de las investigaciones anteriores en esta área se habían enfocado en que las personas intentaran participar en una tarea externa (como leer) y sus mentes divagaban de manera involuntaria. En esos casos, la gente estaba más contenta en general cuando sus mentes se quedaban conectadas en la tarea. Sin que hubiera algo en la habitación que compitiera por su atención, uno podría suponer que los participantes en el estudio de Wilson podrían ocupar sus mentes con pensamientos positivos e interesantes. Pero no fue así.

Casi todos los participantes reportaron que fue difícil concentrarse y que sus mentes divagaron. La mayoría de los estudiantes no disfrutó la experiencia de estar dentro de sus propias cabezas.

Los investigadores fueron un poco más lejos para comprobar qué tan resistente era la gente a estar sola con sus pensamientos. De nuevo, pusieron a los estudiantes (solos) en una habitación sin ningún estímulo y les pidieron entretenerse con sus pensamientos. Esta vez tenían la opción de presionar un botón que les daría una desagradable descarga eléctrica. (Todos los participantes habían experimentado antes la descarga y dijeron que pagarían para evitarla). Estaba claro que preferirían hacer algo a estar solos con sus pensamientos, pero ¿preferirían realizar una actividad desagradable a no realizar ninguna?

Los resultados mostraron que muchos sí lo preferían. El 25% de las mujeres interrumpieron su tiempo de reflexión con una descarga eléctrica, mientras que un apabullante 67% de los hombres eligieron electrocutarse al menos una vez. ¡Un caso atípico presionó el botón 490 veces! Imagínate estar en la cabeza de ese tipo.

¿Por qué tenemos tanta aversión a estar solos con nuestros pensamientos?

Aquí hay una fiesta

La respuesta puede estar en la red neuronal por defecto (RND). No, no es una banda de música electrónica de la década de 1980.[2] La RND es una red altamente compleja de regiones que interactúan en el cerebro y que puede ser la base neurológica de nuestro sentido del yo, la sede del sufrimiento y la fuente del FOPO. Pero eso le da una mala reputación a la RND y me estoy adelantando un poco.

En los últimos sesenta años, los científicos han llevado a cabo avances gigantescos en desenmarañar los misterios del cerebro con el uso de técnicas de imagen detalladas que cartografían las redes neurales. En palabras del neurólogo Marcus Raichle, de la Universidad Washington en San Luis: «El microscopio y el telescopio abrieron campos inesperadamente vastos de descubrimiento científico. Una oportunidad similar se ha creado ahora en el estudio de la cognición humana con la introducción de métodos para visualizar los sistemas cerebrales involucrados cuando pensamos».[3] Ya no se necesita el bisturí del cirujano para ver el cerebro. La tecnología no invasiva de imagen por resonancia magnética funcional (IRMf) les ha permitido a los científicos recopilar con seguridad datos sobre cómo funciona la mente.

Durante años, los científicos se enfocaban en rastrear cambios en el cerebro cuando la gente estaba absorta en una actividad. Nadie le daba mucha consideración a lo que sucede dentro del cerebro cuando la gente hace muy poco. Raichle cambió ese paradigma en la década de 1990.

Siguiendo la práctica común de los estudios de mapeo de cerebro, Raichle y sus colegas les pidieron a los participantes hacer tareas sencillas, como leer palabras en voz alta, identificar colores en imágenes o intentar recordar si una palabra aparecía en una lista que les habían dado antes. Luego, los investigadores usaron una técnica de imagen, la tomografía por emisión de positrones (TEP), para ver adónde fluía la sangre en respuesta a la actividad cerebral.[4] Buscaban aumentos de la actividad cerebral asociados con distintas tareas.

Para medir el cambio, los científicos establecerían una línea de base en reposo para la actividad cuando los participantes estaban en estados mentales no dirigidos. En el laboratorio de Raichle, normalmente les pedían a los participantes mirar una pantalla en blanco. Un día, Raichle notó que la actividad en ciertas regiones del cerebro se reducía cuando los sujetos estaban centrados en tareas exigentes. Lo que resultó aún más sorprendente fue que la actividad en esas mismas áreas incrementó cuando se completó la tarea. Parecía que el cerebro regresaba a un nivel de actividad por defecto en ausencia de una tarea externa específica. El cerebro estaba ocupado en estas regiones cuando se suponía que tenía que estar en reposo. Atónito, Raichle no estaba seguro de lo que sucedía, pero se dedicó a rastrear el fenómeno en todos sus experimentos.

A partir de esos datos de control acumulados, Raichle descubrió por accidente la red neuronal por defecto (RND), un grupo nunca antes visto de estructuras cerebrales interconectadas que, paradójicamente, está más activo cuando no estamos participando en una tarea externa.[5]

Hasta los hallazgos de Raichle, lo común era asumir que la función principal del cerebro era resolver tareas y, si no estaba activo, el cerebro quedaba liberado o estaba pasivo.[6] A nadie se le había ocurrido que el cerebro está igual de ocupado cuando nos relajamos que cuando nos centramos en actividades exigentes.

El descubrimiento explica en parte por qué el cerebro gasta casi la misma energía «en reposo» que cuando ejecuta tareas mentales complicadas, y por qué el cerebro representa alrededor del 20% del consumo energético de un adulto promedio, aun cuando solo representa el 2% de nuestro peso corporal.[7] Resulta que el cerebro no se apaga en realidad.

Una mente no tan ociosa

Bueno, si el cerebro siempre está encendido, ¿qué hace cuando no está centrado de manera explícita en un objetivo? A riesgo de simplificar demasiado la respuesta, entra en un patrón de actividad que es el equivalente neuronal de la divagación mental. La red de modo por defecto tiene muchos propósitos, pero cuando no se le da nada más que hacer, el cerebro casi siempre regresa a pensar en su tema favorito: la persona en la que habita.

La RND todavía no se comprende bien, pero la idea predominante es que es el punto neurálgico para la actividad mental autorreferencial, en donde podemos caer en pensamientos improductivos, repetitivos y negativos. Es ahí donde desenterramos recuerdos. Nos preocupamos por el futuro. Nos juzgamos a nosotros y a los demás. Cuestionamos la intención de los otros. Pensamos en lo que otros piensan de nosotros. Tememos lo que los demás piensan de nosotros.

Para la mayoría de las personas, la mente que divaga no es una mente feliz. Esa fue la conclusión de un estudio hecho por el profesor de psicología social de Harvard, Dan Gilbert y Matthew Killingsworth.[8] Desarrollaron una aplicación para iPhone y la usaron para contactar a más de 5 000 participantes de 83 países en horas aleatorias del día. Les preguntaron a los participantes: «¿Estás pensando en otra cosa además de lo que estás haciendo actualmente?». Y también les preguntaron si ese momento era agradable o desagradable.

El estudio descubrió que en promedio pasamos casi el 47% de nuestras horas despiertos en un estado de divagación mental. Casi la mitad de nuestras vidas estamos pensando en otra cosa además de lo que hacemos. Aunque puede ser una distracción positiva durante momentos de exploración creativa, crea una carga emocional cuando esos pensamientos nos llevan a sentirnos insatisfechos y descontentos en nuestras vidas, y por lo general eso es lo que sucede cuando perseveramos en lo que alguien más podría o no estar pensando de nosotros.

¿Cómo conciliamos reconocer que hay cosas increíbles que nacen de una mente que vaga, fluye en libertad y no está estructurada, y aun así nos sentimos mejor cuando nuestra mente no divaga? La verdad es que necesitamos las dos partes. Nuestro verdadero poder radica en ser capaces de elegir dónde colocar nuestra atención y tener las habilidades mentales para hacerlo. Elegir si queremos cavilar sobre lo que nuestro socio, colega, compañero de clase, entrenador, amigo o némesis podría o no podría pensar de nosotros.

Nuestra atención no tiene por qué quedar secuestrada por cada pensamiento que tenemos sobre las opiniones percibidas de los demás. La mente dispersa no necesariamente significa que los patos les tiren a las escopetas. ¿Cómo dirigimos nuestra atención hacia donde queremos que vaya en lugar de recurrir al deseo primitivo del cerebro de aprobación social?

Con *mindfulness*.

Atención, por favor

Muchos estudios científicos confirman lo que las antiguas tradiciones orientales han sabido desde hace siglos: entrenar el *mindfulness* o la atención plena puede acallar la actividad en la red neuronal por defecto, el terreno fértil de la mente de simio y la zona cero del FOPO.[9]

El *mindfulness* no es nuevo. Durante milenios, las prácticas contemplativas como la meditación han proporcionado una forma de mirar hacia dentro y explorar nuestros procesos mentales y emocionales. Es relativamente reciente que se abrieron paso en el mundo occidental. A mediados del siglo XIX, Henry Davis Thoreau y Ralph Waldo Emerson quedaron profundamente influenciados por las grandes obras de las tradiciones espirituales orientales, pero no tenían entrenamiento en las prácticas que son la base de los textos. El *mindfulness* empezó a tener más atención en la década de 1960 cuando los maestros de Asia y la India llegaron a Occidente y los occidentales viajaron al extranjero para aprender los misterios de las ancestrales artes internas orientales.

Jon Kabat-Zinn, un hombre a quien admiro profundamente y cuya mentoría ha sido valiosa, reimaginó el *mindfulness* para un mundo secular mientras era un estudiante en el MIT en la década de 1970. Con un doctorado en Biología Molecular, reconoció sus beneficios para la salud e hizo hasta lo imposible para anclar el *mindfulness* en la ciencia y asegurarse de que no se estigmatizara como una moda de *new age* o un misticismo oriental esotérico.[10] Fundó la clínica de Reducción del Estrés Basada en el *Mindfulness* (MBSR, por sus siglas en inglés), que enseña cómo practicar meditación de *mindfulness* a personas con dolor crónico y trastornos relacionados con el estrés.

El *mindfulness* es una herramienta fundamental para cambiar tu relación con el FOPO. Te permite ser más consciente de tus pensamientos, sentimientos y emociones en cada momento, y te da el espacio para responder en lugar de reaccionar. El *mindfulness* es tanto un estado del ser como una habilidad. Es el estado de «conciencia que surge de poner atención, deliberadamente, en el momento presente y sin juzgar».[11] El *mindfulness* también es una habilidad que se puede emplear para llevar a su practicante a ese estado de conciencia.

La práctica del *mindfulness* ayuda a crear un espacio entre nuestra cognición y nuestra emoción para poder ver las cosas como realmente son. Podemos reconocer que no somos los pensamientos que tenemos sobre nosotros mismos. No somos los pensamientos y las opiniones que otros podrían o no tener sobre nosotros. Somos infinitamente mucho más grandes y más dimensionales.

No necesitamos ir a otro lado para tener acceso a nuestra conciencia. La conciencia siempre está disponible. Simplemente necesitamos desarrollar las habilidades mentales para caer en ella.

De manera general, hay dos tipos de prácticas de *mindfulness*. El *mindfulness* contemplativo es simplemente observar tus pensamientos sin juzgarlos. Ves cómo tus pensamientos internos y tus emociones interactúan. El *mindfulness* unipuntual pone el enfoque de tu atención en un único objeto, el más común de los cuales es tu respiración. Pero el punto de atención podría ser cualquier cosa. Un sonido. La flama de una vela. Un punto en la pared.

La práctica del *mindfulness* nos permite volvernos más conscientes de qué tan frecuentemente nuestras mentes cavilan sobre lo que otros podrían o no podrían pensar de nosotros. Comenzamos a reconocer la preocupación subyacente que moldea tantos pensamientos y comportamientos nuestros. Nos volvemos más hábiles para trabajar con esos pensamientos. Comenzamos a identificar los detonantes, las condiciones y los patrones de pensamiento que impulsan nuestro deseo de aprobación social.

De la idea a la acción

Practica el *mindfulness*.

Suena fácil, pero en realidad es un desafío enorme. Intenta practicar el *mindfulness* unipuntual durante un par de minutos y ve qué resulta. Si eres como la mayoría de la gente, tu mente divagará al pasado, al futuro o a un pensamiento que surja sobre el momento presente. Muchos de los pensamientos son relacionales, en relación con otra persona o con uno mismo. Una simple videollamada puede volverse un viaje al interior hacia ninguna parte mientras nuestra mente divaga de manera reflexiva. «Esta pantalla me recuerda al programa de concursos *Hollywood Squares*... ¿Quién era el conductor? ¿Peter Marshall?... Nadie en esta reunión tiene la edad para conocer esa referencia... ¿Desde este ángulo parece que tengo papada?...».

Puede que tu mente se suba a un «tren de pensamiento», una secuencia de cavilaciones interconectadas. Un solo pensamiento es lo que se necesita para que el tren parta de la estación. «No he visto uno solo de los juegos de futbol de mi hija porque trabajo todo el tiempo». En cada parada, el tren recoge un nuevo pensamiento. «¿Cómo es que tengo tan poco control en mi vida? Todo el mundo va a los partidos y se da el tiempo para ir de vacaciones. Y yo trabajo». Un pensamiento lleva al próximo. «Soy un engranaje de una gran máquina disfrazada de cultura del propósito». Una vez a bordo, el tren te puede llevar muy lejos por vías oscuras antes de que te des cuenta de que no estás donde esperabas o querías estar. «Necesito encontrar un trabajo nuevo».

En algún momento, te vas a dar cuenta de que tu atención ya no se enfoca en tu respiración. Con ese reconocimiento, sueltas el pensamiento que te alejó y diriges de nuevo tu atención a tu punto focal: la respiración. Este ciclo se repetirá una y otra vez.

La práctica pone de manifiesto la tendencia de la mente hacia la distracción, junto con su continua preocupación por los demás y por lo que puedan pensar de ti. Con la repetición, notarás con mayor rapidez cuando tu atención haya cambiado su punto focal. Te vuelves más hábil para navegar por la mente y centrar tu atención donde quieres que vaya.

Si te gustaría explorar unas cuantas meditaciones guiadas, puedes descargarlas en www.findingmastery.com/thefirstrule.

SEGUNDA PARTE

EVALUAR

7

Barry Manilow y el efecto reflector

Te vas a preocupar mucho menos por lo que los demás piensen de ti cuando te des cuenta de qué tan rara vez lo hacen.

DAVID FOSTER WALLACE

El profesor de la Universidad de Cornell Thomas Gilovich y sus colegas idearon un experimento social, publicado en el año 2000, para comprobar si otras personas realmente nos observan y juzgan a cada paso que damos.[1] De manera individual, 109 estudiantes universitarios entraron en una habitación llena de sus colegas, usando una playera con la foto del cantante de pop Barry Manilow estampada en el frente. Los investigadores habían seleccionado una imagen de Manilow, el santo patrón de lo aburrido y cuadrado, sabiendo que sería «vergonzosa» para los estudiantes. Lo siento, Barry.

Los observadores en la habitación estaban sentados en una mesa que daba a la puerta cuando el estudiante entraba con la playera con el estampado de la estrella del pop. Después de una breve interacción, el estudiante salía de la habitación y los investigadores le preguntaban: «¿Cuántos de los estudiantes que llenaban cuestionarios en el laboratorio podrían indicar quién estaba en tu playera?». A los observadores les planteaban, entre otras preguntas de relleno, si notaron quién aparecía en la playera del estudiante.

Como lo predijeron los investigadores, los estudiantes que usaban la playera de Manilow sobreestimaron drásticamente el número de personas que pusieron atención a lo que traían puesto. Los sujetos supusieron que el 50% de la gente en la habitación notaría la imagen de Manilow. En promedio, menos del 25% de los observadores pudo realmente recordar la playera del sujeto.

Cuando a los otros estudiantes les pedían ver la grabación del experimento y calcular qué porcentaje de la habitación recordaría la playera de Manilow, adivinaron correctamente que el 25%. El simple acto de usar la playera frente a sus colegas elevó de manera considerable su percepción de cuánta atención recibían.

El fenómeno, llamado el «efecto reflector», describe cómo la gente sobreestima el grado en que los demás notan sus acciones y apariencia.[2] Tendemos a creer que los demás nos ponen más atención de la que realmente nos brindan.

De hecho, nos ponemos mucha más atención a nosotros mismos que la que nos dan los demás. Pensamos que estamos «en el reflector» y que todos los ojos observan cada uno de nuestros movimientos y que nuestros defectos se magnifican para que todo el mundo los vea.

¿Por qué?

Debajo del fenómeno yace un sesgo egocéntrico. Vivimos en el centro de nuestros propios mundos. Estamos sumamente enfocados en nuestra propia conducta y apariencia, y tendemos a creer que los demás están igual de enfocados en nosotros. Esto no implica que seamos ensimismados y arrogantes. Más bien, nuestra visión del mundo es producto de nuestras propias experiencias y perspectivas, e intentamos entender los pensamientos y las acciones de los demás por medio de ese mismo lente. Puede ser difícil evaluar con precisión qué tanto o qué tan poco los demás se fijan en nosotros.

Sobreestimamos cuánta atención les ponen los demás a nuestras acciones negativas y positivas. Con frecuencia hay un vasto abismo entre cómo vemos algo que hemos hecho y cómo lo ven los demás. Como notaron los investigadores:

> Ya sea que hagamos un punto brillante en una conversación grupal, contribuyamos a un proyecto exitoso o ejecutemos el tiro perfecto en la cancha de basquetbol, a veces vemos que los esfuerzos que

> nos parecieron extraordinarios y memorables pasan desapercibidos o sin ser apreciados por los demás. Lo mismo va para acciones de las que deseamos distanciarnos porque hablan pésimo de nuestra capacidad o carácter. También estas tienen mucho menos impacto en nuestra audiencia del que pudiéramos pensar. Un desliz social «obvio» en una primera cita, un tropezón incómodo en una fila o leer mal un pasaje esencial de un discurso preparado... cada una de estas acciones nos puede parecer vergonzosa e inolvidable, pero a menudo los demás no la notan.[3]

El efecto reflector nos hace tener una perspectiva distorsionada de nuestra propia importancia para la gente que nos rodea, lo que nos lleva a juzgar mal las situaciones y a tomar decisiones con base en nuestros sentimientos exagerados de visibilidad.

La gente es como yo

Alimentar el efecto reflector es nuestra tendencia a sobrestimar qué tanto los demás comparten nuestras creencias, opiniones, hábitos o preferencias, otro sesgo egocéntrico llamado el «efecto de falso consenso».[4] Como nos centramos en lo que pensamos, tendemos a creer que la forma en que pensamos es también la norma para los demás. Proyectamos nuestro pensamiento en otros y acabamos por creer que hay más acuerdo en lo que decimos, pensamos y hacemos que el que realmente existe. Además, creemos que el mundo a nuestro alrededor nos juzga de la misma forma en que nos juzgamos a nosotros mismos.

Reforzar la creencia es nuestra tendencia a asociarnos con gente que comparte nuestras actitudes y opiniones. Exposición selectiva. Usamos nuestros contactos sociales para evaluar qué tan comunes son las características en la población en general. Cuando miramos a nuestro alrededor para ver lo que es «normal», nuestra información viene de una muestra sesgada. La consecuencia es que la mayoría de la gente cree que lo que piensa y hace es mucho más ordinario de lo que realmente es.

Es difícil mover un ancla

El efecto reflector es un ejemplo de un fenómeno llamado «anclaje y ajuste».[5] Originalmente acuñado por Amos Tversky y Daniel Kahneman, el anclaje describe cómo la gente tiende a depender de la primera parte de la información que recibe para emitir juicios posteriores. Se anclan a esto. En este caso, la información al principio del proceso es su propia experiencia subjetiva de que el reflector está sobre ellos. Su atención está en una playera que creen que es socialmente vergonzosa. Las personas reconocen que no todos van a estar igual de enfocados en sus playeras como ellas —y se ajustan—, pero les cuesta trabajo ajustarse lo suficientemente lejos del ancla como para estimar con precisión cuánta atención les ponen los demás.

Lo cierto es que la gente no está enfocada en ti como tú lo estás. Ellos, como tú, están más enfocados en sí mismos. Se preguntan si *su* cabello está desordenado. Se preguntan si *tú* los juzgaste por llegar tarde a la reunión. Se preguntan si *tú* admiraste la opinión brillante que aportaron en la junta de tu equipo. También ellos están en el centro de su propio universo.

A menos que seas una Kardashian, es probable que nadie te observe, juzgue y escudriñe tanto como te lo imaginas.

Cuando el reflector sí está en ti

Claro que hay veces en que el reflector sí te está apuntando. *Haces una presentación creativa para conseguir una cuenta grande.*

Te sientas frente a los directivos de una empresa para tu quinta y última entrevista para el trabajo de tus sueños. Explicas una nueva estrategia ante la junta de directivos.

Todos tenemos momentos que se sienten como nuestro Supertazón o Copa del Mundo personal, cuando hay más en juego que de costumbre. Con frecuencia me preguntan, desde un punto de vista del desempeño: «¿Nos va mejor si tratamos estas ocasiones bajo el reflector como el Gran Momento o como un momento más?».

¿Mi respuesta? Cualquiera de los dos marcos es válido. Solamente necesitas tomar una decisión fundamental sobre cuál marco sientes auténtico para ti y cuál te da la mejor oportunidad de tener éxito.

Algo que es igual de importante —y la parte que a menudo se omite— es que un programa de entrenamiento de habilidades psicológicas hecho a la medida necesita ponerse en marcha antes, independientemente de qué enfoque asumas. La ventaja de desarrollar habilidades mentales es que tu ambiente externo no dicta tu experiencia interna.

Si tu primer principio es «este es solo un momento más», entonces desarrolla las prácticas psicológicas para reforzarlo. Comienza con identificar tu mentalidad ideal, ten clara la manera más efectiva de hablarte a ti mismo (pensamiento motivacional), y busca el nivel correcto de concentración y el nivel óptimo de activación dentro de tu cuerpo. El objetivo es estar en una posición donde tengas el control completo de ti mismo. Una vez que hayas establecido una mentalidad ideal, trabaja para refinar y desarrollar el control sobre este mediante la práctica continua para lograr el ideal. Puedes usar la mentalidad ideal como punto de referencia y objetivo durante el entrenamiento mental. Sin estar confinados a ningún ambiente particular, cada momento de la vida se vuelve una oportunidad para desarrollar las propias habilidades mentales.

Si tomas la decisión de tratar ese evento como «el mayor momento de tu vida», entrenas tus habilidades mentales pero también creas, de manera intencional, escenarios estresantes para acercarte a lo que será ese momento. Se crean momentos de muchas consecuencias y estrés, se imaginan y se vuelven a imaginar. Continuamente se ponen trabas en el camino del desempeño. La práctica es calmar la mente mientras el cuerpo está en un estado de agitación elevada. Si haces esto, con el tiempo, te sentirás cómodo con niveles mayores de activación del estrés.

No siempre podemos controlar lo que nos llega en la vida, pero sí podemos controlar nuestra respuesta.

De la idea a la acción

Reduce la intensidad de la luz.

El simple hecho de reconocer que la mayoría de la gente, en mayor o menor medida, se mueve en el mundo bajo su propio reflector —y que no se enfocan en ti— puede ayudar a anteponerte a tu programación emocional y contrarrestar el efecto reflector. En el momento en que interiorices este concepto, tu relación con el FOPO cambiará.

Pregúntate si pasas más tiempo juzgando a los demás o pensando en cómo te perciben los otros. Lo más probable es que estés más ocupado con tu propio mundo, y es lo mismo para las demás personas. La gente casi nunca nota o se preocupa de cosas de las que nosotros estamos muy conscientes. Tienen desafíos de su trabajo, familia, hijos y salud. Casi que eres irrelevante para la mayoría de la gente, sobre todo para los desconocidos. Si alguien sí te juzga o te dirige una mirada, recuerda: no te conocen. Tienen sus propios problemas.

Como ejercicio, dale la vuelta a la situación y piensa en cómo te sentirías si estuvieras del otro lado de la experiencia. Primero, elige un área donde el FOPO haya surgido para ti. Te sentías cohibido por tu edad en una habitación llena de gente más joven o más grande. Hablaste en una junta grupal, pero nunca dijiste tu punto. Estabas agobiado por una necesidad de meter de manera forzada tus éxitos pasados en una conversación donde no tenían cabida y, después de una pausa momentánea, alguien te lanzó una pregunta complementaria por cortesía, no por asombro. Luego, considera cuando hayas visto a alguien actuar de manera similar. Pon a esa persona en el reflector en ese momento y colócate en la posición del oyente u observador. ¿Acaso estás pensando en la edad de esa persona? Si es así, ¿fue solo un pensamiento pasajero? Cuando la otra persona perdió el hilo de lo que decía, ¿realmente te importó eso? ¿Tuviste un juicio severo sobre la persona que presumió un éxito reciente o lo que compartió fue algo interesante? ¿O te encogiste de hombros y lo consideraste un comportamiento humano normal? Probablemente no volverías a pensar en esos momentos. Tal vez te parecerían poco notables. Incluso olvidables. Las equivocaciones de las que eres consciente o tropezones con testigos caen en la categoría de cosas que dijiste y cosas que hiciste. En su mayoría, no son momentos que los demás sintieron y recordaron.

También, la mayoría de las personas están absortas en sus propias vidas como para poner atención constante a las acciones y comportamientos de los demás. Ese resplandor no significa que alguien te esté apuntando con un reflector. Eres tú el que dirige el reflector hacia ti mismo. Es hora de reducir la intensidad de la luz.

8

¿Realmente sabemos lo que alguien más piensa?

No hay nada más engañoso que un hecho que es obvio.

Arthur Conan Doyle

Empecé a pensar en el FOPO cuando estudiaba la carrera. Me estaba licenciando en Psicología con especialidad en Deporte. Quería entender no lo que limitaba a las personas, sino las cualidades que les permitían sobresalir.

Me interesaba cómo los mejores en alto rendimiento del mundo organizan sus vidas interiores en ambientes de alto riesgo. ¿Cómo pudo Charles Lindbergh volar solo, sin radio ni paracaídas y a veces a solo seis metros sobre las olas, durante 34 horas a través del océano Atlántico? ¿Qué le permitió a Jane Goodall desafiar las normas de género, hacerse camino en un reino de incertidumbres y redefinir la relación entre humanos y animales? ¿Cómo sobrevivieron Ernest Shackleton y su tripulación en el *Endurance* casi dos años en un intento angustioso por alcanzar el Polo Sur?

Me encantaba mi área de estudio, pero el estigma de la psicología tradicional parecía cernirse sobre el campo. A menos de un siglo de encerrar a la gente por «locura», nuestra cultura aún mantenía creencias demasiado negativas sobre la salud mental. Ir al psicólogo se veía ampliamente como un signo de debilidad moral o de carácter. La percepción era que la psicología se encargaba de arreglar la mala salud mental, no de mejorar el desempeño, invertir en el bienestar o crecer. Las reglas que se habían heredado de la psicología tradicional contribuyeron a las percepciones erróneas sobre nuestro campo. La psicología era algo que se suponía tenía que estar oculto. Un cliente entra en un santuario silencioso y comparte su mundo interno con un profesional que jura nunca admitir públicamente la reunión o la relación. Si un cliente se encuentra con el psicólogo fuera del consultorio, se supone que el psicólogo debe pasar como un fantasma sin palabras a menos que el cliente lo salude. Era como en *El club de la pelea*: la primera regla de la psicología es que no hables de psicología. La discreción que encerraba la profesión se convirtió, sin quererlo, en una receta para la vergüenza.

La industria tenía reglas escritas y no escritas, convenciones y prácticas que se establecían por la gente, las leyes y un organismo administrativo. Yo tenía que colorear dentro de las líneas. Quería cambiar eso, celebrar la psicología y sacarla de las sombras. Pero temía lo que otros en mi campo pensarían si iba en contra de la manera establecida de hacer las cosas. Así que, después de graduarme, me moví hacia los límites de la Psicología del Deporte. Comencé a trabajar en deportes de acción y aventura (conocidos popularmente como deportes extremos), una frontera en la que parecía que aún se estaban escribiendo las reglas.

Tuve la fortuna de que me invitaran a trabajar junto a uno de los mejores peleadores de artes marciales mixtas (MMA, por sus siglas en inglés). Después de un campamento de cinco meses, tuvimos nuestra última sesión de entrenamiento y el equipo se subió a un avión rumbo a Las Vegas. Llegamos tres días antes del evento para el pesaje, las entrevistas con los medios de comunicación y un poco de entrenamiento en las instalaciones.

La noche del combate, el peleador, su entrenador y yo estuvimos en el vestidor repasando toda la rutina de preparación previa: un calentamiento físico, un calentamiento técnico y un calentamiento mental. Con ese último, el peleador acomoda su mente, se aferra a su propósito y «enciende» su mentalidad competitiva ideal antes de entrar en la arena.

La caminata rumbo a la jaula puede derrumbar a un peleador. El reflector está encendido. La música es atronadora. El clamor de la multitud hace que se te pongan los pelos de punta. Casi veinte mil personas en el estadio quieren ver sangre (y millones en casa prenden la tele por esa misma razón). Los combatientes están por entrar en un momento de alto conflicto, en un verdadero campo de batalla, y la energía de la multitud es frenética. La ansiedad previa a la pelea no es rara, a pesar de la seguridad y la bravuconería que proyectan los peleadores. Entrar en una jaula de acero con uno de los luchadores más habilidosos del planeta y cuyo objetivo es obligarte a renunciar a la pelea, con violencia, puede poner los nervios de punta.

Para los atletas de talla mundial, los detalles importan. No solo ensayamos tres veces caminar hacia la arena cuando estaba vacía, sino que habíamos creado imágenes mentales de la caminata en los meses previos a la pelea. Al usar las imágenes, un atleta activa los cinco sentidos para practicar cómo quiere sentirse y desempeñarse. Esto no solo incluye lo que sucede en la jaula, sino los momentos previos. Cómo quiere sentirse durante el calentamiento en el cuarto de preparación. Cómo quiere sentirse cuando llegue el equipo de cámaras y los guardias de seguridad mientras esperan la luz verde para salir de ahí y entrar en la arena. Cómo quiere conducirse cuando escuche los cánticos, los gritos, los abucheos y las ovaciones cuando entra en la jaula.

Nuestro equipo se había preparado para este momento. Incluso practicamos los abrazos y apretones de manos antes de subir los escalones para entrar en la jaula. Lo que no practicamos fue adónde se iban los entrenadores después de esos abrazos.

En la noche de la pelea, la caminata salió exactamente como estaba planeada. Cuando llegamos al octágono, nos despedimos del peleador y el coordinador técnico del evento nos dirigió a nuestras sillas de entrenadores, más allá de la línea de visión de las cámaras.

Cuando sonó la campana, el luchador se apegó al plan de juego que había visualizado una y otra vez. Tuvo muy poco o nada de movimiento, conservó su energía. No dejó de alternar sus golpes, para que su experimentado oponente no pudiera captar ningún patrón discernible en sus movimientos. Permaneció en calma de forma extraordinaria frente a los ataques cada vez más emocionales de su oponente. Anunció su llegada con estilo al derrotar al gran favorito. Nuestro equipo estaba muy contento.

Los meses de arduo trabajo habían rendido frutos. Me había desviado del camino trillado para los psicólogos del deporte cuando entré a trabajar en el mundo de las MMA. Resultó ser un laboratorio increíble para entender cómo funciona la mente bajo presión. Hay muy poco margen de error en un ambiente hostil donde las habilidades mentales de un atleta —calma, seguridad, concentración, conciencia— tienen que ser muy agudas o el peleador paga un enorme precio. Celebraba en silencio al conducir tras salir de la pelea cuando me llamó mi mentor. Lo primero que me dijo fue: «Gervais, ¿qué hacías caminando detrás del atleta en la televisión?».

Sus palabras me golpearon como un autobús y confirmaron mis peores miedos. Él era una figura respetada y venerada en nuestra industria, y me estaba haciendo saber que la psicología tenía que estar a puertas cerradas. Me avergoncé de que él pensara que yo hacía algo indigno para el campo. En una fracción de segundo, la celebración paró de golpe y quise que me tragara la tierra.

Le llamé a Lisa cuando regresé al hotel para recomponerme. Lisa había sido mi novia desde la preparatoria y llevábamos casados diez años. Es de ascendencia cubana y salvadoreña, es muy franca —te dice la verdad— y siempre es mi primera parada cuando necesito un baño de realidad. Me respondió con seis palabras: «Que se vaya a la mierda».

El cambio

Su consejo me ayudó a salir de mi caída en picada, pero la opinión de mi mentor me acechó durante años. Me propuse alejarme de los medios de comunicación durante casi una década. No quería que me tildaran de engreído.

Poco a poco, los medios de comunicación se interesaron cada vez más por la mente y todas sus posibilidades narrativas. Tenía sentido. A niveles de élite deportiva, el juego se da en la cabeza. Los estrechos márgenes entre la victoria y la derrota casi siempre se determinan sobre qué tan hábil es un atleta para usar su mente. El cuerpo es solo una extensión de lo que alguien es capaz de hacer mentalmente.

Trabajé en unos cuantos proyectos que atrajeron atención mediática y recordé cuánto sirven las conversaciones públicas para desestigmatizar y promover la psicología. Apoyé al paracaidista Felix Baumgartner en el proyecto Red Bull Stratos cuando saltó de una cápsula presurizada a 38 kilómetros sobre la superficie terrestre con un paracaídas en la espalda y se volvió el primer cuerpo humano en romper la barrera del sonido sin asistencia mecanizada.

Comencé a trabajar con los Halcones Marinos de Seattle como el primer psicólogo completamente insertado en la organización y en las líneas laterales de la NFL. Durante nueve años ayudé al entrenador Pete Carroll a dar forma a una cultura basada en las relaciones y a hacer que el entrenamiento mental fuera parte del ADN de la organización.

Kerri Walsh Jennings y Misty May-Treanor hablaron públicamente de nuestro trabajo de entrenamiento mental cuando se volvieron las primeras voleibolistas en ganar tres medallas de oro en tres Juegos Olímpicos consecutivos.

Después, eché a andar el pódcast *Finding Mastery* para dar rienda suelta a la psicología. Cada semana exploro el marco psicológico y las habilidades mentales de la gente encaminada hacia la maestría de sí mismos y lo que hacen.

Encontré un enorme apoyo de colegas por haber sacado la psicología a la luz. Claro que había guardianes de la industria que estaban comprometidos a hacer lo mismo de siempre, pero me di cuenta de que gran parte de mi miedo se había proyectado a los demás. La verdad era que tenía mi propio monólogo y juicios internos sobre ir contra la convención. ¿Quién era yo para desafiar la sabiduría de los que habían estado antes de mí?

Años atrás había jurado que si alguna vez me encontraba con mi mentor, averiguaría la verdad sobre sus comentarios posteriores a la pelea. Le había atribuido a su opinión un enorme peso y significado. Para mí, él era la voz de la autoridad en psicología. Era el que había bajado de la montaña con las tablas de los mandamientos. ¿Qué había querido decir exactamente? ¿Había sido su intención ponerme en mi lugar? ¿Realmente se veía como el vigilante de la tradición en la psicología? ¿Le daba vergüenza que yo no siguiera las reglas? ¿Pensaba que yo me había pasado de la raya? ¿Estaba proyectando su conflicto interior en mí?

Entonces pasó. Fue el momento. Acababa de hablar en una conferencia de mucho renombre. Estaba alejándome del estrado y lo vi sentado a un lado, en primera fila. Solo. Hicimos contacto visual. Pensé: «Esta va a ser mi oportunidad para entender exactamente qué quiso decir y por qué dijo eso hace años». En la reunión posterior al evento, volvimos a hacer contacto visual, pero él estaba contento con seguir sentado en donde estaba. Caí en la cuenta: «Quiere que yo me acerque a él». Finalmente, la multitud se despejó. Cuando avancé hacia él, se veía más pequeño de lo que recordaba. Casi frágil. Tenía barba, anteojos y traía puesto un saco de *tweed* en espiguilla, como si le hubieran dado el papel de psicólogo del siglo XX.

Para cuando estuvimos frente a frente, toda la ansiedad que había tenido sobre su opinión de años atrás se disipó. En ese momento ya no me importó. Me pareció ridículo que hubiera cargado con eso durante tanto tiempo. Hablamos un par de minutos sobre los retos que enfrentaba la profesión de la psicología, nos dimos la mano y nos fuimos.

Me había pasado todos esos años cargando con la opinión que él tenía de mí. Eso moldeó elecciones de carrera que hice o no hice, oportunidades que había aprovechado o dejado pasar. ¿Por qué? Por una opinión que quizá no haya sido su opinión en absoluto.

¿Defender o explorar?

La opinión de mi mentor de hacía más de una década me parecía muy clara en ese entonces: «Gervais, la práctica de la psicología es privada y debe ser a puertas cerradas. Estás rompiendo las reglas no escritas. Debes saber cuál es tu lugar».

Nunca sabré realmente qué pensaba y no importa. Lo que importó fue lo que hice con eso. No tuve la capacidad de tener curiosidad por lo que expresó. Sabía lo que dijo. Estaba *seguro* de que sabía qué había querido decir. Sus palabras simplemente pasaron por mí como una corriente eléctrica. Reaccioné. No me defendí, pero adopté una posición defensiva. Me protegí yendo a lo seguro, sin arriesgar mucho, juré no exponerme de nuevo a ese tipo de crítica.

Después de que nos dimos la mano, comencé a examinar por qué su respuesta había tenido tanto impacto sobre mí. ¿Por qué importaba tanto su opinión? ¿Por qué dejé que un acontecimiento externo dictara mi experiencia interna? ¿Qué podría eso enseñarme sobre mi propio mundo interior?

Desde mis primeros días en la universidad, había oscilado entre el camino que quería seguir y el camino que se suponía que tenía que seguir, lleno de señalizaciones, reglas y tradiciones. No podía descubrir cómo cuadrar ese círculo. Era como un acertijo zen: ¿cómo puede alguien seguir las reglas y romperlas al mismo tiempo?

La respuesta de mi mentor detonó algo que había cargado durante mucho tiempo. Tenía miedo sobre lo que los demás pensarían si iba contra la corriente en el campo de la psicología. Tenía una potente narrativa interna sobre lo que «ellos» —un grupo apenas definido de personas que ostentaban poder en mi campo de elección— dirían si no me quedaba en mi carril.

Podía oír la cita de Einstein en mi cabeza, en un bucle: «Una pregunta que a veces me marea: ¿soy yo el loco o lo son los demás?». Cuando mi mentor abrió la boca después de la pelea, salieron sus palabras, pero yo les infundí significado, peso y mi propia interpretación. Su reprimenda por estar en el fondo mientras el peleador entraba al octágono le echó combustible a una creencia cargada que yo ya tenía.

Se situó justo en medio de una historia que ya estaba sucediendo en mi interior.

Una habilidad peculiar, pero no un superpoder

Los seres humanos tienen la capacidad cognitiva única para pensar en su propia mente y las mentes de los demás. Podemos hacer inferencias sobre los estados mentales de las personas —qué pretenden, piensan, sienten y creen— y usarlas para «entender y predecir el comportamiento». Lo hacemos todo el día, casi como reflejo, en cada interacción social que tenemos.

Nuestra capacidad para discernir lo que alguien más podría pensar es un fundamento de nuestras interacciones sociales, una habilidad social importante que la mayoría comienza a desarrollar en la infancia. Ziv Williams, médico y profesor adjunto de Neurocirugía en la Escuela de Medicina de Harvard, señala: «Cuando interactuamos, tenemos que ser capaces de formar predicciones sobre las intenciones y pensamientos tácitos de otra persona. Esta capacidad requiere que nos hagamos una imagen mental de las creencias de alguien, lo cual implica reconocer que esas creencias pueden ser diferentes de las nuestras y evaluar si son ciertas o falsas».[1]

Todos leemos la mente, algunos lo hacemos mejor que otros, ¿pero somos muy buenos para discernir lo que está en la mente de los demás?[2]

El profesor y doctor Nicholas Epley de la Universidad de Chicago y sus colegas organizaron un simple experimento para averiguarlo.

Epley separó en dos distintas habitaciones a parejas sentimentales. A una de las dos personas le dio una serie de veinte frases y opiniones con las que tenía que estar de acuerdo o en desacuerdo y que iban de una escala del 1 (completamente en desacuerdo) al 7 (completamente de acuerdo).[3] Las afirmaciones eran frases como: «Si tuviera que empezar mi vida de nuevo, seguro que haría las cosas distinto», «Me gustaría vivir un año en Londres o en París» y «Preferiría pasar una noche tranquila en casa que ir a una fiesta». En la habitación de al lado, la pareja predecía cómo respondería la otra persona. Esa persona también tenía que calcular el número de preguntas que creía que había predicho correctamente.

Las parejas llevaban juntas un promedio de 10.3 años, que tiende a ser esa etapa de la relación en la que se comienzan a completar las frases del otro. El 58% estaban casadas. Presuntamente, las personas podrían leer las mentes de sus parejas mejor que lo que leerían las mentes de desconocidos. De no ser así, podría ser un largo viaje de regreso a casa.

Como se puede imaginar, la capacidad de las parejas de deducir los pensamientos y sentimientos de sus cónyuges fue mejor que adivinar al azar, pero no por mucho. Adivinar al azar le permitía a alguien predecir correctamente 2.85 respuestas, mientras que las parejas respondieron de forma correcta 4.9 de las 20 preguntas.

Más revelador que la precisión con que leían la mente fue el abismo entre su capacidad percibida para distinguir con precisión los pensamientos de su pareja que la capacidad real. Aunque habían contestado correctamente, en promedio 4.9 de las preguntas, creían que habían predicho de forma correcta 12.6 de las 20 preguntas. En otras palabras, creemos que somos mucho mejores en saber lo que pasa en la mente de alguien más de lo que realmente somos. En palabras de Epley: «El problema es que la confianza que tenemos en este sentido sobrepasa por mucho nuestra capacidad real, y la confianza que tenemos en nuestro juicio rara vez nos da un buen sentido de qué tan acertados estamos en realidad».[4]

El experimento de Epley demostró qué tan mediocres son en realidad nuestras capacidades para leer la mente. Y no es que las personas a las que pidieron adivinar los pensamientos de otros fueran desconocidos. Reclutaron a cónyuges, personas que habían pasado años de su vida juntas. Gente que conocía los detalles íntimos de la vida de los demás.

Si somos tan malos para predecir lo que piensan los que están más cerca de nosotros, imagina qué tan malos somos para predecir lo que nuestros amigos, jefes, colegas, mentores y desconocidos piensan de nosotros.

El punto es que invertimos mucho tiempo y recursos mentales obsesionados en cosas en las que probablemente estemos mal. Como alguien que trabaja con gente de alto rendimiento, puedo decir que nunca me he encontrado con un lector de mentes de alto rendimiento. De hecho, todos somos malos en eso.

La creencia demasiado común de que *sabemos* lo que alguien piensa y lo que piensa de nosotros, a menudo es el cerillo que enciende el fuego del FOPO. Actuamos de manera preventiva, o reaccionamos, ante nuestros propios pensamientos que pueden o no ser ciertos. Estamos seguros de que conocemos cómo se siente alguien respecto a nosotros, pero, a menos que en realidad expresen lo que piensan, nuestro «saber» es pura especulación. Casi siempre intentamos conectar nuestros pensamientos a una historia que busca hacer que el mundo en ese momento tenga sentido. Es simplemente nuestra interpretación de esa experiencia. Y esa interacción casi siempre está mal encaminada, sesgada o de plano equivocada. En palabras del premio Nobel y psicólogo Daniel Kahneman: «Por lo general estamos muy seguros de nuestras opiniones y juicios. Exageramos qué tan conocible es el mundo».[5]

Pregunta en lugar de intuir

O quizá solo necesitamos ponernos en el lugar del otro para entender qué pasa por su mente. Epley dirigió una serie de experimentos con la doctora Mary Steffel y Tal Eyal para ver si tomar activamente la perspectiva de otro nos permite predecir sus pensamientos, sentimientos, actitudes y otros estados mentales con más precisión.[6] Dale Carnegie alentó a sus lectores a ir en esa dirección con su clásica guía de motivación de 1935, *Cómo ganar amigos e influir sobre las personas*.[7] Su octavo principio es «Intenta con sinceridad ver las cosas desde el punto de vista de la otra persona». Parece sentido común que si imaginamos sinceramente el punto de vista psicológico de otra persona, tendremos un mejor sentido de lo que sucede en su mente.

Pues no es así exactamente.

Los resultados de sus experimentos no hallaron evidencias de que considerar activamente la perspectiva de otra persona de manera sistemática aumentara la capacidad de leer la mente de alguien más. «Si acaso, tomar esa perspectiva reducía la precisión en general al tiempo que ocasionalmente aumentaba la seguridad en el juicio».[8]

¿Qué nos estorba en nuestra capacidad de distinguir lo que hay en la mente de otra persona? ¿Qué evita que sepamos realmente sus opiniones e intuyamos la intención y significado detrás de sus palabras? Intentamos descifrar el sistema más complicado y adaptativo en el universo. Tenemos un estimado de 86 000 millones de neuronas en el cerebro humano. Cada neurona puede conectarse directamente a unas mil o diez mil neuronas más a través de sinapsis, de acuerdo con V. S. Ramachandran, un neurocientífico y director del Centro para el Cerebro y la Cognición en la Universidad de California en San Diego.[9]

Debido a la complejidad de la mente humana, hay una estrategia que resultó valiosa en el estudio de Eyal, Steffel y Epley para comprender lo que sucede en la mente de otra persona.

Indagar.

En lugar de tomar la perspectiva de otra persona, pregúntale. El entendimiento más preciso de los pensamientos, las palabras, las creencias y las opiniones de alguien más viene de pedirle que describa lo que «pasa en su mente en un contexto en el que puedan informarlo con honestidad y certeza».[10]

Si te preguntas cuál es la opinión de alguien, deja de adivinar, pregunta directamente y escucha.

Me habría beneficiado de ese conocimiento años atrás con mi mentor. Si le hubiera preguntado de forma directa sobre su opinión de años atrás, en lugar de asumir que mi interpretación era cierta, me habría beneficiado. No necesariamente habría llegado a la verdad de su experiencia, pero quizá hubiera podido entender mejor la verdad de la mía. Cómo interpretamos la opinión de alguien a menudo refleja más sobre nosotros que de la persona que expresó la opinión. Pero no nos damos cuenta. Nuestra interpretación se vuelve la «verdad» y perdemos la capacidad de que nos dé curiosidad. Nuestra narrativa nos consume y nos concentramos en el antagonista de la historia en vez de en nosotros mismos.

Al preguntarle directamente a mi mentor, habría obtenido un entendimiento más completo y acertado de sus pensamientos y sentimientos. Quizá haya dejado abierta la posibilidad de no tener simplemente una relación con él, sino una relación más profunda de la que teníamos hasta ese punto. Quizá si hubiera escarbado habría descubierto que en realidad él compartía mi deseo de desestigmatizar y eliminar la vergüenza que rodea a la psicología. ¿Quién sabe? Cualquier cosa es posible. Pero lo que es seguro es que mi respuesta (la desconexión) clausuró cualquier posibilidad de tener una relación con él.

Y quizá más importante, habría llegado a un entendimiento más profundo de mí mismo si le hubiera hablado. En lugar de pasar de mis sentimientos y colocar mi atención en los suyos, habría sido una oportunidad para separar con cuidado las cosas, poner a contraluz y expresar mis propios sentimientos complicados sobre la carrera que estaba a punto de emprender. El simple acto de dar un paso adelante es un antídoto contra el FOPO porque el FOPO se alimenta de la pasividad y la proyección.

Las opiniones de las personas solo tienen poder sobre nosotros en la medida en que nosotros les damos ese poder. Esa noche en Las Vegas hace mucho, le di demasiado poder a la opinión de mi mentor. Había un camino distinto que pude haber tomado, y comenzaba con una sencilla indagación.

De la idea a la acción

Si quieres poner a prueba tus habilidades para leer la mente, intenta esto. Pídele a un colega, a un amigo o a un supervisor, si realmente quieres probar tu suerte, que te dé unos momentos para que intentes leer su mente.

Toma una libreta y una pluma y vamos a sumergirnos en el fascinante mundo de la lectura de mentes. Así funciona:

1. Prepara el escenario: encuentra un espacio cómodo y coloca un objeto entre ustedes dos. Puede ser cualquier cosa: un teléfono celular, una vela, un juego de llaves... basta con que sea un objeto sencillo y cotidiano que realmente sirva como estímulo para desviar su atención. Si vas a interpretar el papel, hazlo con todo.
2. Elige tu estilo de leer la mente: decide cómo prefieres sacar tus poderes de lectura de la mente. Puedes elegir cerrar los ojos y sumergirte en un profundo estado de concentración o mantener los ojos abiertos, observar las sutiles señales y expresiones de la otra persona. A ver qué te funciona mejor.
3. El pensamiento y la impresión: pídele a la otra persona que se concentre en un pensamiento específico y que lo escriba en el papel. Puede ser cualquier cosa que le venga a la mente: palabras, imágenes o incluso un recuerdo. Anímalo a explorar las profundidades de su imaginación. Luego pide que formule una opinión o idea sobre ti y que también la escriba. Esto va a desafiar tu capacidad de leer la mente a nivel personal.
4. Libera tu capacidad de lectura de mente: ahora viene el momento de hacer gala de tu habilidad de leer la mente. Comparte con la otra persona lo que crees que fue su primer pensamiento y la opinión que se hicieron de ti. Expresa tus hallazgos y percepciones con claridad y convicción.
5. Compara: por último, compara tus percepciones con lo que realmente pasaba en su mente. ¿Cómo te fue al desbloquear los secretos ocultos en el interior de otras mentes? ¿Estás listo para renunciar a tu trabajo y poner tu propio puesto de lectura de mente?

Todos, en varios niveles, intentamos leer la mente. Continuamente intentamos distinguir lo que los demás piensan. Escudriñamos las palabras, el tono, las expresiones faciales, las posturas, las acciones y las elecciones en busca de pistas. Para hacerlo aún más difícil, la gente está consciente de que esta actividad está sucediendo e intenta controlar o guiar las percepciones que nos formamos. Un juego sin habla de ocultamiento, descubrimiento y revelación equivocada.[11]

La capacidad de pensar en la mente de otro forma parte de lo que nos hace animales profundamente sociales. Pero ¿somos buenos en esto? No particularmente. Desde luego, no hasta el punto de que debamos moldear decisiones de vida y estrategias alrededor de lo que intuimos que está en la mente de otro ser humano. Mejor pregunta y ya.

9

Vemos las cosas como ~~son~~ somos

Lo que mejor sabe hacer el ser humano es interpretar toda la nueva información para que sus conclusiones anteriores permanezcan intactas.

WARREN BUFFET

En 2015, Cecilia Bleasdale fue de compras a un pequeño pueblo en Lancashire, Inglaterra, con la intención de buscar un vestido para la boda de su hija. Tomó una foto de su compra de 50 dólares y de dos vestidos más que había considerado y le mandó las fotos a su hija. Esta le respondió y le preguntó si había comprado el «blanco con dorado».

—No —le contestó su mamá—, es azul y negro.

—Mamá —dijo su hija—, si crees que es azul y negro necesitas ir al médico.[1]

Su hija compartió la foto en Facebook. Dos semanas después, la boda transcurrió sin complicaciones en Escocia y casi nadie le puso atención al vestido de Cecilia. Pero una amiga de su hija, Caitlin McNeill, no podía sacarse la foto de la cabeza y la publicó en Tumblr, donde pedía ayuda para identificar el color del vestido. Al día siguiente, todo internet estalló de interés y la publicación se volvió viral. Kanye West, Kim Kardashian y Taylor Swift contribuyeron al debate. Un equipo técnico tuvo que dar apoyo para evitar que los servidores de BuzzFeed se cayeran.[2] Cecilia fue a parar al programa *The Ellen DeGeneres Show*. El vestido se volvió el tema de una conversación global, incluso en la comunidad científica. ¿Por qué el mundo veía el vestido de dos maneras tan diferentes?

La percepción no es pasiva

Al final la neurociencia proporcionó la respuesta: la percepción es idiosincrática.

La conclusión de una persona sobre el color del vestido depende de la *suposición* que su cerebro hace sobre la luz ambiental y cómo estaba iluminado el vestido.[3] No podemos decir a partir de la foto si el vestido está en una sombra sobre un fondo muy iluminado o si toda la habitación está muy iluminada y los colores están desteñidos. Ante la ausencia de hechos, nuestro cerebro hace hipótesis e inferencias para completar las lagunas. Lo que percibimos como nuestra realidad consciente es la conclusión de esas inferencias. Nuestra conclusión se basa en una suposición. Una creencia.

El principio se extiende más allá de la percepción visual.

Tendemos a pensar que la percepción consiste en recibir información sensorial y armar lo que intentamos percibir. Eso se llama procesamiento ascendente. Comenzamos sin ninguna idea preconcebida de lo que vemos y con esa información buscamos que lo que nuestros sentidos recibieron tenga sentido. Después la percepción da instrucciones a nuestra comprensión cognitiva. Por ejemplo, imagina que te dieran un rompecabezas sin la portada de la caja para mostrarte cómo se ve el rompecabezas terminado.[4] Te fijas en cada pieza y comienzas a juntarlas y poco a poco una imagen reconocible comienza a tomar forma.

En realidad, el cerebro no solo percibe de manera pasiva la realidad. Crea la realidad a través del filtro de nuestras creencias. Usamos el contexto, las experiencias previas, los conocimientos y las expectativas para interpretar información nueva.

Desde que somos pequeños, el cerebro construye una imagen o modelo simulado del mundo que tiene que recorrer.[5] Como no le encanta lo inesperado, el cerebro predice lo que va a pasar con base en nuestros modelos mentales. Esas predicciones se vuelven filtros cruciales para nuestra experiencia del mundo que nos rodea. En vez de que la información surja, el proceso de predicción descendente es un filtro que moldea nuestra experiencia inmediata. Experimentamos nuestras vidas de manera muy parecida a como experimentamos el vestido de Cecilia Bleasdale, por medio de un proceso interpretativo basado en las creencias insertadas en nuestro modelo mental del mundo.

La percepción es un modelo constructivo y nuestras construcciones son con frecuencia representaciones falsas de la realidad. Vemos cosas, como el vestido de Cecilia Bleasdale, por lo que no son. No podemos ver al gorila que camina entre un grupo de basquetbolistas en el famoso experimento de Daniel Simon sobre la ceguera por falta de atención.[6] Vemos la luna en el horizonte más grande de lo que es cuando está más alta en el cielo, aunque sea del mismo tamaño. Con frecuencia «solo percibimos lo que esperamos percibir en vez de lo que está ahí». Como escribe el profesor de Psicología de la Universidad de York, James Alcock: «Nuestros pensamientos y sentimientos, nuestras acciones y reacciones, no responden al mundo como es en realidad, pues nunca conocemos directamente la realidad, sino al mundo como creemos que es».[7]

Los filtros

De manera similar, cómo percibimos e interpretamos las opiniones de otros depende por completo de nuestras creencias y sesgos. Para parafrasear a Alcock, en la mayoría de los casos no reaccionamos ni respondemos a las opiniones de los demás como realmente son, porque no conocemos la mente de otro ser humano; más bien, respondemos a cómo creemos que son sus opiniones.

Para entender el papel que nuestras creencias tienen al alimentar el FOPO, es importante reconocer que el FOPO es un *proceso preventivo*. En un esfuerzo por aumentar la aceptación relacional y evitar el rechazo, intentamos anticiparnos a lo que alguien piensa de nosotros. Continuamente medimos nuestro ambiente social en busca de información que indique amenazas u oportunidades. El objetivo es maximizar la aceptación y evitar que nos ridiculicen, se rían de nosotros, nos traten mal, nos acosen, nos señalen o nos marginen. En nuestra hipervigilancia, examinamos para captar micropistas y así poder aceptar, cambiar o rechazar la opinión de forma preventiva. El desconocimiento es lo que alimenta nuestra ansiedad. Como dijo Alfred Hitchcock: «El estallido no tiene nada de terror, solamente su anticipación».

Queremos prevenir algo (una opinión desfavorable) que aún no ha ocurrido (y que quizá ni siquiera suceda), pero que presenta una amenaza potencial. Sin estar seguros de la intención del otro, nos fiamos de nuestra propia interpretación de lo que piensa de nosotros. Nuestra interpretación está respaldada por el sistema de creencias que tenemos para nosotros y de la naturaleza humana. Bajo amenaza, tendemos a anclarnos con mucha mayor fuerza en nuestras creencias. Con frecuencia examinamos nuestro ambiente en busca de evidencias que se ajusten a lo que ya sabemos para distinguir lo que hay en la mente de otra persona.

Lo que percibimos como cierto sobre la opinión de alguien y lo que realmente es cierto no son siempre la misma cosa. Nuestra interpretación de las opiniones de los demás a menudo refleja más de nuestro interior y nuestras creencias que la opinión de la otra persona. Cuando actuamos por lo que creemos que sucederá antes de que suceda realmente, en realidad estamos ayudando a crear la experiencia, un fenómeno psicológico conocido como efecto de expectativa interpersonal.

No se trata de algún tipo de noción metafísica. Es cómo funcionan la mente y el cerebro humanos. Digamos que tienes un buen amigo que estuvo contigo en una época difícil de tu vida.

Demostró una increíble generosidad y consideración durante un momento en que te sentías realmente vulnerable. Algunos años después él atraviesa una crisis sentimental. Tú estás saturado de trabajo, abrumado por tus propios retos. No es su estilo pedir ayuda. Tiene mucho apoyo y la gente lo quiere. Lo ves con menos frecuencia. Después de un tiempo, tienes la molesta sensación de que él piensa que no fuiste solidario. No tienes evidencia para tu tesis, pero te alejas de la amistad. Te sientes más y más acomplejado. La espontaneidad y la libertad que tenías para llegar sin avisar a su casa ya no están ahí. Los años pasan y lentamente crece el vacío.

En este ejemplo, creaste una narrativa y tomaste acciones (alejarte, no pasar por su casa) congruentes con el resultado que predijiste.

Sesgo de confirmación

La mente humana tiende a buscar, interpretar y recordar información de forma que afirme nuestras creencias o expectativas existentes, un término acuñado como «sesgo de confirmación» en 1970 por el psicólogo inglés Peter Watson. En una serie de estudios, descubrió que la gente prefería encontrar información que confirmara lo que ya consideraban cierto. Omitían o ignoraban la información que no se conformaba con sus creencias.[8] El sesgo de confirmación sucede sobre todo fuera de la conciencia, así que por lo general las personas no conocen la fuente e impacto de sus sesgos.[9]

La primera vez que estudié el sesgo de confirmación comencé a verlo por todos lados. Lo siento, es un chiste de la universidad, pero sugiere un poco la idea. Con frecuencia encontramos evidencia que apoya una creencia que ya tenemos en lugar de buscar evidencia que cuestione esa creencia.

Se cree que el sesgo de confirmación ha tenido un impacto en el pensamiento y la conducta desde hace mucho. El filósofo renacentista sir Francis Bacon, quien popularizó la metodología científica, lo reconoció hace más de cuatrocientos años:

> El entendimiento humano, una vez que ha adoptado una opinión (ya sea por ser la opinión recibida o por estar de acuerdo consigo mismo) saca todos sus recursos para apoyarla y estar de acuerdo con ella. Y aunque puede que haya un mayor número y peso de instancias que se encuentran en el otro lado, aun así este lo descuida y detesta, o por alguna distinción aparta y rechaza, para que en esta predeterminación tan grande y perniciosa la autoridad de sus conclusiones previas permanezca inalterada.[10]

Daniel Kahneman, uno de los psicólogos más influyentes en los últimos cincuenta años, sostiene que pensamos casi de la misma forma en que vemos: «En la percepción visual tienes un proceso que suprime la ambigüedad, para que elijas una sola interpretación y tú no estés consciente de esa ambigüedad».[11] Consideremos la ilusión ambigua del pato-conejo, que hizo famosa el psicólogo estadunidense Joseph Jastrow (véase fig. 9.1). La gente

FIGURA 9.1

La ilusión del pato-conejo

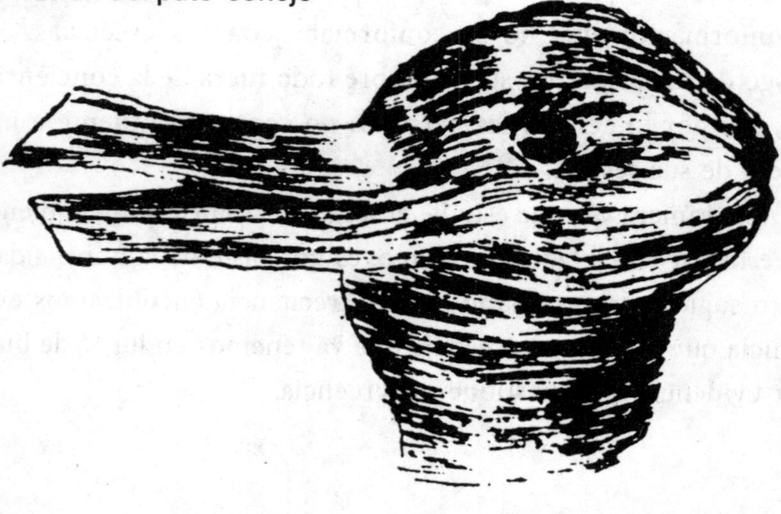

que ve la imagen no puede ver una figura como un pato y la otra como un conejo, aunque sus características estén espacialmente marcadas. Nuestro cerebro alterna entre ver un conejo o un pato. No podemos tener las dos imágenes en el cerebro al mismo tiempo.

«El sesgo de confirmación viene de hacer una interpretación, adoptarla y entonces, de arriba abajo, obligas a que todo se ajuste a esa interpretación», dice Kahneman. «Ese es un proceso que sabemos que ocurre en la percepción y que resuelve la ambigüedad, y es altamente plausible que ocurra un proceso similar en el pensamiento».[12]

El sesgo nace en parte de la necesidad de nuestro cerebro de encontrar la forma más eficiente de consolidar la enorme cantidad de información que le llega, un proceso llamado heurística. La heurística genera canales neurológicos marcados profundamente que optan por la velocidad y eficiencia a expensas de la precisión, lo familiar por encima de lo desconocido.

Durante gran parte de nuestra historia evolutiva, necesitamos estar muy atentos a las amenazas para nuestra supervivencia física. Si oías que una rama se quebraba, apresurarte a la conclusión de que era un tigre en el bosque te podía salvar la vida. En el mundo moderno, estos atajos mentales pueden ser útiles cuando no tenemos el lujo de hacer juicios con el apoyo de datos claros y abundantes. Pero también nos pueden llevar por el mal camino.

Un ejemplo. Trabajé con un ejecutivo de una empresa tecnológica emergente. Su relación con el trabajo creaba un intenso deterioro en otras áreas de su vida. Vive con el credo de que el éxito viene del trabajo duro y muchas horas. Las ventas de la empresa habían bajado en los últimos dos trimestres. Cuando buscaba una explicación, concluyó que la caída era el resultado de la autocomplacencia y de que el equipo de ventas estaba trabajando menos horas.

Tenía evidencia para su tesis. Aunque tenía una supervisión menos directa de los empleados con el modelo de trabajo híbrido de la empresa, sabía que su equipo de ventas trabajaba menos horas durante el día laboral regular, ya que equilibraban abiertamente las exigencias que venían con trabajar desde casa. Decidió traer a todos a laborar a la oficina y terminar con el experimento de trabajar desde casa. Pero las ventas no mejoraron. Los costos se elevaron. Perdió a dos de sus mejores vendedores, que no querían regresar a la oficina. La moral y la salud mental de los empleados se desplomó, pues ese regreso rápido despertó la ansiedad.

La empresa contrató a un consultor de gestión para entender mejor las limitaciones del negocio. Al poder tener un diálogo sincero con los empleados, el consultor reconoció rápidamente que la complacencia no era el problema. El director sopesó bastante la evidencia (unas cuantas horas durante el día laboral), pero no pudo reconocer que sus empleados remotos de hecho trabajaban más horas por el tiempo que pasaban conectados los fines de semana y fuera de horas laborales normales. El problema era el agotamiento. Los empleados estaban emocional, física y mentalmente agotados por las exigencias de su cultura de 24 horas al día, los siete días de la semana. Su sesgo no solo hizo que el director no estuviera en sintonía con el bienestar de los empleados; de hecho, exacerbó el problema de raíz.

Más allá de la creencia

Las creencias son pensamientos o ideas que damos por verdaderos. Nuestras creencias reducen un mundo sin límites a una experiencia perceptiva particular de la realidad. Vamos a la guerra por nuestras creencias. Vamos a la cárcel por nuestras creencias.

Vamos al altar por nuestras creencias. Algunas creencias nos empoderan y otras nos limitan. Al final, todas son limitantes, incluso las que empoderan. Nos limitan al definirnos.

Nos enfrentamos con una elección cada vez que percibimos que alguien tiene una opinión de nosotros que pueda presentar una amenaza. ¿Vamos a validar nuestro sistema de creencias, el cual nos puede encaminar hacia el FOPO, o vamos a elegir ser curiosos? ¿Vamos a interpretar este momento con el lente de nuestras experiencias pasadas o vamos a experimentarlo como si nunca lo hubiéramos visto antes? Porque nunca lo hemos hecho. Es un momento completamente nuevo.

Todos tenemos sesgos

Todos tenemos sesgos, preferencias o aversiones hacia distintas personas, cosas o ideas, algunas de las cuales somos incapaces de reconocer. Si no crees que sea así, pregúntate cómo te sientes respecto a gente que:

- Apoya a la Asociación Nacional del Rifle de Estados Unidos (la NRA, por sus siglas en inglés).
- Cree que las mujeres transgénero deberían poder participar en competencias atléticas.
- Cree que los niños en la escuela primaria no tendrían que ponerse de pie para el juramento de lealtad.
- Considera que el cambio climático es un engaño.
- Dice que la solución al problema de la gente sin hogar es vivienda financiada por el gobierno en tu barrio.
- Quiere que las vacunas sean obligatorias.
- Conduce un auto eléctrico.
- Prefiere a los gatos en vez de a los perros.

Algunas creencias o sentimientos pueden haberse movido mientras leías la lista. Nuestro cerebro cataloga las cosas de manera natural en grupos y categorías, agrados y desagrados.

De la idea a la acción

Para entender mejor cómo el sesgo de confirmación moldea tu interpretación de las opiniones de los demás, busca proactivamente información que cuestione tus creencias. Tu tarea es repasar tu interpretación de la opinión percibida de alguien sobre ti. Podría ser una opinión que se expresó directamente o algo que no se expresó verbalmente, pero que tú captaste. Por ejemplo: «Mi supervisora se siente amenazada por mí, así que no me está incluyendo en el equipo para la nueva cuenta. Es una gerente de la vieja escuela, jerárquica, que valora más el control que la capacitación de la gente».

Divídelo en dos partes: tu creencia y su opinión. Comienza con tu creencia. «Mi supervisora se siente amenazada por mí y quiere tener el control». Lo más probable es que esta no sea la primera vez que albergas esta creencia. Tienes algo en tu historia que la respalda. Considera si hay otras experiencias que tuviste en una empresa anterior. «Mi gerente nunca me respaldó. Él siempre tenía que ser el protagonista». Puede haber sido una experiencia específica con tu jefe. «Hizo una mueca cuando le hablé de mi entusiasmo por la nueva cuenta de la empresa». O pueden ser todas las anteriores.

Cualquiera que sea la evidencia, reconoce que ese es el filtro con el que interpretaste la opinión.

Ahora pásate a la opinión de la otra persona. En el ejemplo, ella no quiere que estés en el equipo. Juega con algunas otras interpretaciones de por qué crees que no te incluyeron en la cuenta. Aunque no creas que sea verdad, piénsalo. Permítete esa idea. Usa tu imaginación al punto que se sienta como un ejercicio de escritura creativa. «Mi supervisora sí me valora, pero no tenía otra opción en esta cuenta por un compromiso previo con otro ejecutivo. Quiere ponerme en una situación donde yo realmente pueda crecer. Me giró los ojos porque está frustrada con no poder incluirme en el equipo».

La misión es intentar entender la experiencia desde un punto de vista alternativo y separarse, aunque sea brevemente, de los sesgos de confirmación que ya tienes y que pueden moldear tu percepción de la opinión que alguien más tiene sobre ti.

10

Seres sociales que se disfrazan de yos separados

Ningún hombre es una isla aparte, compuesta solo de sí misma;
cada hombre es una pieza del continente, una parte del todo.
JOHN DONNE

En el invierno que siguió a la temporada de beisbol de las Grandes Ligas de 1998, la superestrella Barry Bonds se puso al día con su amigo de años y compañero, la estrella Ken Griffey Jr. Tuvieron una cena en la casa de este último en Florida. En la temporada anterior, Bonds había visto a Mark McGwire destrozar el récord de jonrones de las Grandes Ligas. Después se sabría que lo había hecho con la ayuda de esteroides.

En la mesa, Bonds expresó su frustración de que el campo no fuera parejo y le hizo una confesión sorprendente: «Tuve una temporada tremenda el año pasado y a nadie le importó un bledo. A nadie. Por mucho que me haya quejado de McGwire y Canseco y todo el asunto de los esteroides, ya me cansé de luchar contra ello. Cumplo 35 este año. Me quedan tres o cuatro buenas temporadas y quiero que me paguen bien. Así que voy a empezar a usar cosas pesadas y espero no lastimarme. Luego me retiro y sanseacabó».[1]

Bonds estaba en lo que el matemático Albert Tucker llamó «el dilema del prisionero».[2] El dilema del prisionero nació en el campo de la teoría de juegos, pero los psicólogos, economistas, politólogos y biólogos evolucionistas lo han usado desde hace décadas para entender lo que motiva la conducta humana. Hay muchas variantes del dilema del prisionero, pero la idea básica es que dos personas que nunca se han visto jueguen una contra la otra. El resultado del juego es interdependiente. Las decisiones que toma cada persona y la forma en que juega afectan el resultado para ella y para su oponente. La elección que hace cada persona es privada, y luego se le revela al otro cada que una persona finaliza su decisión. El dilema es que el juego se puede jugar de manera egoísta, como un asunto de suma cero donde se maximiza la ganancia para uno mismo, pero a expensas de una ganancia más pequeña para la otra persona. O el juego se puede jugar más cooperativamente al maximizar lo que pueden ganar en conjunto, pero a expensas de obtener menos que si se hubiera jugado de forma egoísta.

En el caso de Barry Bonds, podría haber hecho la elección comunitaria de no tomar drogas para mejorar su rendimiento. Eso probablemente habría resultado en recompensas reducidas (a corto plazo) —menos fama, récords estadísticos y dinero—, pero habría beneficiado a los jugadores que seguían las reglas.

No es sorpresa, como lo predecirían los economistas, que la amplia mayoría de la gente juegue de manera egoísta. Los resultados apoyan la creencia generalizada, arraigada en el mundo occidental, de que los seres humanos se guían por el interés propio. Esa opinión se ha reflejado en cientos de iteraciones del juego. También ha sido el principal marco con el que entendemos el comportamiento económico y social.

A través de esta óptica, probablemente no sea sorpresa que Bonds se viera envuelto en un escándalo de esteroides. Jugó el juego de manera egoísta. Y, si estás de acuerdo en que somos una especie interesada en sí misma, la mayoría de nosotros habría hecho lo mismo.

Pero esa no es toda la historia.

Varda Liberman, Steven M. Samuels y Lee Ross condujeron un estudio con otra versión del juego, con exactamente la misma premisa, mismas reglas y todo lo demás, pero con un ligero cambio.

Al inicio del juego les dijeron a los participantes que jugarían el «juego comunitario».[3] Los resultados fueron drásticamente distintos. El 70% de los participantes jugó de manera cooperativa —teniendo al grupo en mente— y no egoísta.

El estudio demostró, y ahora lo apoya un amplio conjunto de evidencias de varias disciplinas, que los humanos no están impulsados egoístamente, sino que son criaturas a las que impulsa el aspecto social. Nuestra motivación social no es algo que aprendamos, una habilidad pragmática que adquiramos para apoyar nuestro estrecho interés propio. Como lo describe el neurocientífico social Matthew Lieberman: «Nuestro sistema operativo social forma parte de los componentes básicos de lo que somos como mamíferos».[4]

No somos individuos que han aprendido a ser sociales. Somos animales sociales que han aprendido a identificarse como yos separados.

Vale la pena repetir eso.

Somos fundamentalmente sociales. Y entender en verdad y recordarnos que necesitamos conexión real nos ayuda a trabajar con el FOPO.

De hecho, el FOPO nace de un deseo profundo por conectar con otros y que nos acepten. Pertenecer es una necesidad humana básica. El miedo a la opinión negativa de alguien es síntoma de un miedo más profundo: que nos rechacen. La consecuencia incrustada biológicamente del rechazo es lo que impulsa la naturaleza dominante del FOPO. Puede parecer que el antídoto al FOPO es simplemente que no te importe lo que alguien piensa de ti.

En su forma más simple, la solución —el antídoto contra el FOPO— tiene dos dimensiones: 1) sentir un amor y cariño profundo por el bienestar de otros y contribuir al tejido social para el que nuestra biología está optimizada, y 2) actuar en consonancia con el propósito de uno mismo, sus valores y metas.

Esto, a su vez, promueve pensamientos y acciones que crean una marea ascendente tanto para los demás como para uno mismo. Cuando actuamos en consonancia con el amor a otros y, al mismo tiempo, trabajamos para alcanzar nuestro propósito, queda muy poco espacio como para consumir energía mental preocupándonos por lo que otros pueden o no pensar de nosotros.

Conexión perdida

Cuando estaba en sexto de primaria, mi familia y yo vivíamos en el norte de California. Una tarde mi madre me preguntó:

—Michael, ¿está todo bien?

Ella revisaba con frecuencia cómo estaba, pero esta vez se sintió diferente. Yo sabía exactamente por qué lo preguntaba. Me detuve un segundo y le dije:

—No.

Ella esperó, yo desvié la mirada y calculé rápidamente qué hacer con la hinchazón que se acumulaba en mis ojos y la tensión que se formaba en mi garganta.

—No, no estoy bien —le dije, más por romper el silencio que por otra cosa.

Ella captó la cadencia, esperó unos cuantos segundos y respondió:

—Bueno, ¿qué pasa?

Quería tranquilizarla y hacerlo pasar como un sentimiento fugaz, pero decidí contárselo.

—Es que siento como si tuviera un hueco dentro de mí. Como que me falta algo. Es justo aquí. —Y señalé mi estómago y pecho—. Es como si Dios no estuviera aquí, no hay nada aquí.

Sin hacer contacto visual, me dijo:

—Está bien. —Y con delicadeza me tomó de la mano y me jaló para darme un abrazo cálido, pasando un brazo suavemente alrededor de mi espalda y con el otro me sostuvo la cabeza. Nos quedamos así más tiempo de lo normal. No se dijo nada más. En ese momento estuve bien.

A partir de ahí y durante años sentí esa soledad, un sentimiento de vacío que habitaba bajo la superficie. Nunca te habrías enterado desde fuera, todo estaba «bien». Y en general yo estaba bien. No examiné demasiado ese sentimiento. Solo sabía que ahí estaba. En relación con esto, me volví competente en albergar otras tres emociones: el entusiasmo (buscar emociones por medio de deportes de riesgo de alta intensidad como surfear, patinar y esquiar), la ansiedad (preocuparme por todas las cosas que podrían salir mal después) y la ira (enfurecerme con rapidez como un mecanismo de liberación para no tener que sentir ansiedad o tristeza). Al mirar atrás, el vacío que sentía no era depresión ni angustia adolescente. Era la conciencia de que no estaba conectado como lo quería estar: conmigo mismo, con otros y con la naturaleza.

El yo separado

La creencia en nuestro sentido de separación y la incapacidad de reconocer que formamos parte de un todo mucho mayor han dado lugar al fenómeno particularmente moderno del yo separado.

Durante gran parte de la historia humana, el individuo, y las necesidades y deseos del individuo, fueron secundarias a las del grupo más grande. En los primeros días del hombre no era posible que un miembro de la tribu actuara exclusivamente en su propio interés. Sublimar los deseos personales en aras de las normas y valores del grupo era esencial para sobrevivir. Ese ya no es el caso en el mundo moderno.

En el siglo XXI los vínculos funcionales que nos atan se han aflojado.

Las amenazas inmediatas a nuestra supervivencia física han disminuido enormemente, y la necesidad de depender del grupo para tener protección se ha reducido de manera correspondiente. La «tribu» no es esencial para la supervivencia física inmediata.

La tecnología ha debilitado la conexión física. Pasamos más tiempo mirando nuestros teléfonos que a la otra persona. Preferimos escribir mensajes de texto que reunirnos. Los emojis sustituyen las señales físicas como las expresiones faciales o el lenguaje corporal. Los *likes* remplazan las palabras de ánimo. Un *LOL* sustituye el acto físico de reír. Un «corazoncito» es el sustituto de un abrazo cálido.

La movilidad geográfica nos permite jugar al avión fuera y dentro de nuestras comunidades. Nos movemos en busca de oportunidades económicas más favorables, mejor clima o vivienda menos cara, al tiempo que la tecnología respalda la ilusión de estar conectados.

La cultura del yo

Hemos puesto al yo en el centro de la vida occidental en el siglo XXI y, en ese proceso, nos hemos desconectado del todo que somos. La idolatría del yo ha alcanzado su apogeo en la historia humana. Nunca la idea de un yo separado ocupó un lugar tan prominente en la sociedad. El yo ha suplantado al grupo o comunidad como el pilar de la sociedad. Los derechos, necesidades y deseos individuales son sagrados, y el individuo es el filtro con el que vemos los problemas económicos, legales y morales. Los objetivos del yo son la felicidad individual y la realización. La pregunta que siempre está frente al yo es: ¿qué necesito hacer para encontrar *mi* felicidad?

En la superficie puede parecer que hemos satisfecho la observación que el filósofo y sociólogo francés Alexis de Tocqueville hizo sobre Estados Unidos hace más de siglo y medio cuando escribió que la mayoría de los estadunidenses «ya no se siente obligada en su destino a un interés común; cada uno de ellos, de manera distante, cree que está reducido a cuidar solamente de sí mismo».[5]

Desconectar el yo de un contexto social más grande crea un montón de condiciones que alimentan el FOPO.

En la cultura del yo, tanto los logros como los fracasos se perciben como si dependieran por completo de los propios esfuerzos. Aunque esa idea puede ser una fuente de motivación («puedes cambiar el mundo») también puede ser contraproducente para la salud mental. Cuando nos identificamos como un yo separado, tomamos autoría de lo que sucede a nuestro alrededor, incluyendo las cosas que no controlamos. La vida pasa. Las cosas suceden. Y luego le agregamos la interpretación subjetiva de que me están pasando a mí. Están sucediendo por mí, por algo que hago o que no hago. Nos damos demasiado crédito cuando las cosas salen bien y sentimos demasiada culpa cuando las cosas no funcionan. Con frecuencia sentimos que no somos lo suficientemente buenos, como que algo de nosotros no es agradable. Usamos nuestras experiencias en nuestra contra y estas se vuelven un referéndum a nuestro yo. Como consecuencia, estamos continuamente en busca de nuestro valor y evadimos el miedo de nuestra incompetencia. Corremos para estar delante de nuestros propios juicios y de las opiniones y juicios de los demás.

El síndrome del impostor es un fruto de nuestra cultura impulsada por el yo, es una rebelión no intencional contra el instinto del yo de señalarse a sí mismo. La gente con síndrome del impostor, a menudo gente de alto rendimiento, tiende a atribuirle el éxito no a sus propias capacidades, sino a la suerte o a un gran esfuerzo. Al ser incapaces de interiorizar todo su trabajo, todos sus éxitos, errores, fracasos y conocimientos adquiridos con esfuerzo, temen que las opiniones de los demás se igualarán con la opinión oculta que tienen de ellos mismos.

La constante necesidad de demostrar (o defender) nuestro valor nos distancia de los demás y debilita nuestras relaciones. Como lo escribe el autor Mark Manson: «La capacidad de una persona para ser parte de una conexión genuina es inversamente proporcional a su necesidad de demostrar su valor».[6] El objetivo está en satisfacer las propias necesidades y no a la otra persona o a la relación. En el proceso a menudo nos ponemos a competir, en lugar de colaborar, con la otra persona. En vez de ser parte de un círculo de personas en las que confiamos, las alejamos, casi siempre hacia el terreno de las opiniones de la gente que tememos.

La industria de la autoayuda alimenta nuestra obsesión con el yo. Nos enfocamos en nosotros mismos excluyendo todo y a todos los que nos rodean. Rodeados de consejos —libros, artículos, pódcast, publicaciones en blogs, terapeutas, *influencers*— buscamos insaciablemente ese *tip*, truco o hackeo que nos va a sanar el trauma de la infancia o, al menos, mejorar nuestra tasa de parejas en Bumble. Las sesiones de terapia se prolongan durante meses y años sin ninguna meta a la vista. Nos adentramos en la madriguera de nuestra infancia para conocer a fondo nuestra historia. Buscamos sin cesar dentro de nosotros la llave que abra nuestra plenitud.

Poner el yo en el centro de nuestro mundo nos separa del planeta que habitamos. Cuando nos colocamos por encima de la tierra en lugar de en ella, mermamos nuestros recursos, degradamos los hábitats de nuestro planeta y ponemos al mundo en peligro de sobrecalentarse. El periodista ambiental Richard Schiffman describe poéticamente nuestra desconexión del mundo natural: «En el centro de nuestro abuso de la naturaleza está la creencia de que los humanos somos básicamente islas de nosotros mismos, alienados del mundo más allá de nuestra piel. Un pequeño dios metido en la comunidad cerrada de su propio cráneo no va a sentirse muy responsable de lo que suceda afuera».[7]

En nuestra cultura impulsada por el yo, el individuo recluta al significado y al propósito. Cada persona es responsable de descifrar su propósito único, en lugar de que se interprete por medio de las relaciones que tenemos con otros, con la sociedad en general y con el planeta. La pregunta que hay que considerar es: ¿somos personas independientes en asociación oportunista con los demás o el significado surge de estar al servicio de la relación del colectivo?

El mito de la autosuficiencia

Este mito que forma la base de la cultura del yo es fantástico para narrar historias y para crear una marca eficaz, pero oculta una verdad fundamental: no hay nadie que lo haga solo. Trabajo con algunos de los mejores atletas, artistas y líderes empresariales del planeta. Para una persona, hay un reconocimiento universal de que las grandes hazañas requieren equipos fuertes de personas que puedan cerrar filas entre ellas. La narrativa del genio solitario —Steve Jobs, Charles Lindbergh, Teresa de Calcuta, Harriet Tubman, Fernando de Magallanes, Vincent van Gogh—, que altera el curso de la historia con pura inspiración, determinación y talento, no refleja con fidelidad la realidad.

El profesor Scott Galloway de la Universidad de Nueva York señala la realidad que se oculta detrás del mito: «La persistencia y el arado "colonizaron" la frontera, no un tipo blanco y guapo con un revólver y un paquete de cigarros. Los vaqueros eran hombres pobres que hacían trabajos monótonos a cambio de salarios bajos; Hollywood y la avenida Madison los transformaron en héroes pistoleros. De igual forma, las maravillas de Silicon Valley se construyeron sobre la base de proyectos financiados por el gobierno: el chip informático, el internet, el *mouse*, el navegador web y el GPS».[8]

La autosuficiencia y el individualismo feroz están insertos en la psique occidental, pero hay una necesidad aún más fundamental: la necesidad humana de pertenencia.

Pertenencia

En 1995, dos destacados psicólogos sociales, Roy Baumeister y Mark Leary, publicaron un artículo trascendental en el que sugerían que la pertenencia no es solo un deseo, sino una necesidad, una motivación humana con profundas raíces que da forma a nuestros pensamientos, sentimientos y conductas.[9]

Hasta ese momento, la pertenencia no se había considerado en realidad como un motivo detrás de la conducta social humana. Baumeister y Leary plantearon que el deseo de aceptación social y pertenencia puede ser *el* motivo que más representa el comportamiento humano por encima de cualquier otro motivo. *¿Por qué resultamos atractivos a otras personas? ¿Por qué somos amables con los demás? ¿Por qué nos llega una descarga de dopamina cuando alguien nos da un* like*? ¿Por qué nos contorsionamos para encajar? ¿Por qué perseveramos en cómo nos perciben los demás?*

Baumeister y Leary sostuvieron que formar y mantener vínculos ayudó a nuestros ancestros a sobrevivir y reproducirse. Un humano solitario no podría haber sobrevivido en la sabana africana hace seis millones de años. Solo sobrevivimos porque formamos grupos. Las personas en grupos podían reunirse, crecer, cazar para tener alimentos, encontrar pareja, cuidar de los hijos y defenderse mejor.

Vivir en grupos era apenas la mitad del reto. Primero la gente debía tener aceptación del grupo. Tenía que hacer que los otros quisieran que fuera un miembro del grupo. En palabras de Leary: «Junto con nuestro deseo de afiliarnos y estar en grupos, había un deseo de que los demás nos aceptaran».

La necesidad de pertenecer ha estado incorporada a nuestro cerebro durante millones de años. Sin embargo, nuestra naturaleza social va más allá que simplemente obtener aceptación y pertenencia. Está en nuestra naturaleza que en el centro de nuestra vida no esté el «yo», sino el «nosotros».

Interconectados

El yo separado es una construcción inventada que nos deja desconectados del mundo que nos rodea y desconectados del mundo interior. Muy parecido a lo que sentí cuando tenía 12 años, sentimos que algo falta en nuestras vidas, pero no podemos precisar qué es. Un anhelo de conexión. Una tristeza de que no están viendo a todo nuestro ser. Nos experimentamos como personas solas en el mundo. Tenemos un deseo insaciable y dominante de saber que importamos, que pertenecemos. Buscamos la respuesta por fuera. Volteamos a ver a otros para confirmar que estamos bien, que realmente somos parte de algo más grande que nosotros mismos.

Pero no importa lo que los demás digan o hagan. Pueden decirte que te aman. Pueden hacerte sentir parte del equipo. Te pueden meter a su organización. Pueden invitarte a la fiesta. Pueden notarte en la junta de la empresa. Pueden darle *like* a tu publicación de Instagram. Pueden pedirte matrimonio. Pero no pueden hacer que se vaya ese anhelo que surge de creer que eres un yo separado, una isla en ti mismo. No te pueden dar la sensación de conexión que tanto deseas. Solo tú puedes hacerlo.

Podemos buscar por fuera algo que está dentro de nosotros. Nos hemos desconectado de la verdad fundamental de que somos una especie inherentemente social que está interconectada con todo y con todos los que nos rodean. Nuestra interdependencia es un hecho inexorable de la vida.[10]

Estamos entrelazados a nivel funcional, pero nuestra relación entre nosotros simplemente no es pragmática. No está nada más basada en una necesidad de poder pedirle prestada una tacita de azúcar a la vecina.

Somos interdependientes a nivel global. Como escribe la bióloga evolucionista Lynn Margulis:

> La principal contribución de Darwin fue mostrarnos que todos los organismos individuales están conectados a través del tiempo. No importa si comparas canguros, bacterias, humanos o salamandras, todos tenemos similitudes químicas increíbles... Vladímir Vernadski, el geoquímico ruso, nos mostró que los organismos no solamente están conectados a través del tiempo, sino del espacio. El dióxido de carbono que exhalamos como producto de deshecho se vuelve una fuerza que da vida a una planta; a su vez, el oxígeno que es el desperdicio de una planta nos da la vida [...]. Pero la conexión no se detiene en el intercambio de gases en la atmósfera. También estamos conectados físicamente. Pensemos en los protistas que viven en el intestino posterior de las termitas, o en los hongos que viven en las raíces de árboles y plantas. Las aves que revolotean de árbol a árbol transportan esporas de hongos por todo el entorno. Sus excrementos son el hogar de una comunidad de insectos y microorganismos. Cuando la lluvia cae en los excrementos, las esporas salpican de regreso el árbol, lo que crea nuevos focos para que la vida comience a crecer de nuevo.[11]

Todos estamos conectados a nivel atómico.

Más grande que tú

Conectar con algo más grande que lo que somos nos hace menos susceptibles a las opiniones y pensamientos negativos que conlleva el yo separado. Nos volvemos más como el océano que como un charquito de agua que se seca con facilidad.

Resulta un poco contradictorio, porque nuestra reacción natural es colocar nuestra atención en nosotros mismos cuando tenemos problemas. Buscamos arreglar lo que nos aqueja. Pero de manera paradójica, cuando buscamos por fuera en lugar de concentrarnos en nuestro yo, nos conectamos con partes más profundas de lo que somos. Mientras más nos enfocamos en contribuir al todo, más conectados nos sentimos. Mientras más soltamos nuestro yo, más acceso tenemos a nuestro verdadero yo. Esto puede tomar la forma de adoptar metas que se enfocan en algo mayor que nosotros mismos, algo que contribuya al bienestar o apoye a los demás o al planeta.

Cuando aplicamos nuestras fortalezas y virtudes únicas a algo más grande que nosotros mismos, reconocemos que somos parte de un mayor ecosistema que está interrelacionado. No, no en esa forma en la que te acabas de unir a una fraternidad o sororidad universitarias y sientes que estás conectado a un grupo más grande. Tener un propósito más grande que nosotros mismos es un portal hacia la conciencia de la conexión profunda de todas las cosas y de que no existimos en aislamiento. Nuestra atención se aleja del prisma estrecho de nuestro «yo» y se acerca a reconocer que nuestra verdadera naturaleza solo puede entenderse en el contexto de nuestra conexión con otros.

De la idea a la acción

Para liberarte del prisma estrecho del yo, desarrolla virtudes que estén al servicio de otras personas. Las virtudes son cualidades o conductas positivas éticas que tienen altos estándares morales. El desarrollo de virtudes nos obliga a reconocer que somos parte de un ecosistema interconectado que le quita el enfoque al yo y lo pone en hacer el bien a otros. No cultivamos virtudes en aislamiento, sino dentro de las comunidades a las que pertenecemos, incluyendo la familia, la escuela, los equipos y el trabajo.

Desarrollamos virtudes de la misma forma en que nos volvemos buenos pianistas o tenistas: por medio de entrenar y practicar. Aristóteles creía que nos volvemos lo que hacemos repetidamente. La práctica puede ser interna o externa. De manera ideal, es de los dos tipos. Identifica una virtud en la que quieres mejorar y echa a andar un plan. Puedes elegir una de la lista en la página siguiente o inventarla. Si es amabilidad, entonces pregunta: «¿Cómo voy a practicar la amabilidad con otros y conmigo mismo hoy?». Al final de cada día, date una calificación o escribe unas cuantas notas sobre lo que aprendiste en tus intentos de practicar la expresión de la virtud deseada. Es así de simple. Ejercita el músculo de la virtud.

Apunte de la mañana:

- Escribe la virtud que te interesa practicar (puede ser la misma virtud, una y otra vez).

Apunte de la noche:

- Escribe los momentos en tu día en los que participaste activamente en esa virtud.
- Reflexiona sobre momentos específicos (si los hubo) que fueron particularmente desafiantes para ti (en relación con la virtud), cómo reaccionaste reflexivamente, y cómo te gustaría reaccionar en el futuro ante acontecimientos similares.
- Enlista cualquier «detonador» identificable (conocidos en psicología como «antecedentes») de tu respuesta automática (por ejemplo: mi subordinado directo llegó tarde a nuestra reunión personal).

- Haz una nota de cómo te gustaría responder si ese antecedente sucediera de nuevo para estar más en sintonía con la virtud que estás practicando.
- Elige una de las siguientes habilidades psicológicas que te gustaría incorporar a tu práctica diaria. Elige una o dos habilidades que creas que te ayudarán a ser más congruente para expresar la virtud en la que entrenas: entrenamiento de respiración, entrenamiento de seguridad en ti mismo, *mindfulness*, entrenamiento de pensamiento motivacional, entrenamiento de optimismo, mejora de las estrategias generales de recuperación, entrenamiento de concentración profunda.

Aquí tienes una lista de virtudes que te conectan al mundo de la relación y te sacan de la trampa del yo.

Generosidad
Valor
Justicia
Servicio
Humildad
Creatividad
Perdón
Amabilidad
Sinceridad
Respeto
Gratitud
Paciencia
Propósito

TERCERA PARTE

REDEFINIR

11

Cuestionar nuestras creencias más profundas

Las opiniones se hacen para cambiarse...

¿o cómo se llega a la verdad?

LORD BYRON

Diversas investigaciones han hallado que tendemos a desacreditar la evidencia que contradice nuestras creencias, ¿pero por qué somos tan protectores?[1] ¿Por qué es tan difícil cambiar de opinión cuando la gente cuestiona nuestras creencias más profundas? ¿Qué sucede dentro de nuestros cerebros durante ese proceso? ¿Qué mecanismos neuronales se activan cuando alguien refuta una de nuestras ideas centrales? Jonas Kaplan, un investigador y profesor adjunto de Psicología en el Instituto del Cerebro y la Creatividad de la Universidad del Sur de California, se adentró en el tenso panorama de las creencias políticas para averiguarlo.

Kaplan condujo un estudio con cuarenta adultos que se identificaban como liberales en política, con profundas convicciones.[2] A cada persona le pidieron leer ocho afirmaciones que reflejaban sus creencias políticas. Por ejemplo: «Estados Unidos debería reducir su presupuesto militar».

Después de cada afirmación, los participantes leyeron cinco afirmaciones breves contrarias que cuestionaban su punto de vista original e intentaban persuadirlos, mientras se escaneaban sus cerebros con una máquina para tomar resonancias magnéticas. Los contraargumentos, como «Rusia tiene casi dos veces más armas nucleares activas que Estados Unidos», se diseñaron para que fueran más provocadores que factuales.

A los participantes también les pidieron leer una serie de afirmaciones no políticas, como «Thomas Edison inventó la bombilla eléctrica». Luego les mostraban afirmaciones contrarias que tenían la intención de causar algo de duda, como «La Oficina de Patentes de Estados Unidos invalidó la patente de Edison para la bombilla eléctrica, porque descubrieron que se basó en el trabajo de otro inventor».

Los investigadores incluyeron las afirmaciones no políticas para ver si había una diferencia en cómo la gente procesaba los cuestionamientos a las creencias profundas en comparación con creencias menos cargadas emocionalmente, como el papel de Edison en la historia.

Para el cerebro, nuestras creencias más personales y nuestra identidad son indistinguibles

El estudio halló que cuando se cuestionaban las creencias profundas de los participantes, había un aumento de actividad en áreas del cerebro relacionadas con la identidad (red neuronal por defecto), la respuesta a la amenaza (amígdala) y las emociones (corteza insular o ínsula). Mientras más apego había a una creencia, mayor era la actividad en la amígdala y la ínsula. Todos los participantes en el estudio afirmaron creer que Edison había inventado la bombilla, pero cuando los confrontaron con evidencia contraria, la gente por lo general aceptaba la nueva información y se producía una reducción de la señal, si es que se producía, en esas áreas del cerebro.

Los resultados revelaron conocimientos notables de por qué las opiniones de otros pueden sentirse como una amenaza. Desafiar las creencias profundas de alguien activa las áreas del cerebro asociadas a la identidad personal.

Un ataque a las opiniones políticas de los participantes se registraba como un ataque a su identidad, a su sentido del yo.

Para el cerebro, nuestras creencias más personales y nuestra identidad son indistinguibles.

El cerebro nos protege de opiniones que amenazan nuestra identidad

El cerebro puede reaccionar a opiniones que amenacen nuestras creencias centrales de la misma forma que responde a una amenaza física. El cerebro no registra una distinción entre nuestro cuerpo físico y nuestro sentido del yo. Les asigna protecciones iguales. Los sistemas del cerebro responsables de protegernos se ponen a toda marcha cuando las creencias insertadas en nuestra identidad se ven amenazadas por la opinión de alguien. Como lo describe Kaplan: «La principal responsabilidad del cerebro es cuidar del cuerpo, protegerlo. El yo psicológico es la extensión del cerebro. Cuando nuestro yo se siente atacado, [nuestro cerebro] va a utilizar las mismas defensas que tiene para proteger el cuerpo».[3] El cerebro brinda protección no solo para nuestra seguridad física, sino para nuestro bienestar psicológico: «Cuando el cerebro considera que algo forma parte de sí mismo, ya sea una parte del cuerpo o una creencia, entonces lo protege de la misma forma».[4]

La evidencia del valor que el cerebro le da a nuestra identidad se puede hallar en el servicio de seguridad neurobiológico encargado de protegerla: la ínsula, una parte de la corteza frontal. Si alguna vez has engullido un trago de leche echada a perder, comido una mitad de rebanada de pan antes de darte cuenta de que está cubierta de moho verde y velloso, o has abierto una puerta trasera que quisieras haber dejado cerrada, entonces has activado la ínsula. Los sabores y olores pútridos provocan un reflejo de náuseas o reacción de tambaleo. Las señales neuronales se envían a nuestros músculos faciales y estomacales y escupimos por reflejo esa comida tóxica o suprimimos el olor repudiable.

La emoción del desagrado es un sistema psicológico evolutivo para proteger nuestros cuerpos de infecciones por medio de una conducta que evita enfermedades.[5] Sin embargo, los humanos son los únicos animales en los que la ínsula ha evolucionado para proteger algo más abstracto: nuestra identidad. La parte de nuestro cerebro que nos dice que nos alejemos de esa carne rancia para protegernos de un patógeno es el mismo mecanismo que nos advierte sobre información que el cerebro cree que podría dañar nuestro sentido del yo.

Cuando las opiniones de los demás cuestionan nuestras creencias profundas, las convicciones particulares que están incrustadas en nuestro sentido del yo, las redes neuronales que han evolucionado para protegernos se intensifican. La amígdala secuestra a nuestro cerebro antes de que sepamos qué sucede. Las hormonas de estrés, como la adrenalina y el cortisol, se liberan y eso pone a nuestro cuerpo en alerta roja. La ínsula se activa. Nuestro cerebro con frecuencia ignora los hechos en atención a nuestras creencias o da nueva forma a los hechos para que se ajusten a nuestras creencias. Nos aferramos a nuestra visión del mundo como si nuestra supervivencia dependiera de ello.

¿Qué estamos dejando dentro de los muros o fuera de ellos?

Protegemos por instinto nuestras creencias más profundas, pero hacerlo se vuelve problemático cuando no estamos dispuestos a considerar ideas opuestas y examinar las creencias que tenemos. El poema de Robert Frost «Reparar el muro» es una conmovedora meditación sobre las barreras y creencias que nos separan, y un llamado a ponerlas a contraluz para su revisión.

Cada primavera dos vecinos se reúnen en el muro de piedra que separa sus propiedades en un ritual anual para hacer reparaciones. El narrador no le ve un propósito real al muro. No hay animales vivos que contener. Solo los pinos y los huertos de manzana trazan las colinas.

> Antes de construir un muro quisiera saber
> qué es lo que encerramos o dejamos fuera

Cuando el narrador intenta elaborar sobre el porqué del muro, su vecino pronuncia un mantra programado que heredó de su padre: «Si tienes una buena cerca, tienes un buen vecino». No le interesa explorar su creencia o si esta sirve para algo. Su respuesta desinteresada le parece al narrador cruda y primitiva.

> Una piedra firmemente empuñada por la punta
> en cada mano, como un troglodita armado.
> Se mueve en la oscuridad o eso me parece

Puede que nos sintamos mejor cuando defendemos nuestras creencias de frente a las opiniones de los demás, pero hay un valor en poner a contraluz nuestras creencias cada tanto. En algún punto de tu vida tuvieron un propósito, de lo contrario no las habríamos adoptado, ¿pero ahora nos sirven todavía? Tómate unos momentos para considerar en qué punto de tu vida adoptaste una creencia y por qué. Luego pregunta si esa creencia te sirve. ¿Te está ayudando a alcanzar tus metas y visión para la vida que quieres llevar? ¿O esa creencia limita lo que es posible para ti?

Cuando la gente cuestiona nuestras creencias más profundas, podemos entrenar la mente para que reconozca que no es una amenaza, sino una oportunidad.

De la idea a la acción

Aquí tienes una práctica introspectiva que es mucho más difícil de lo que suena. Si se hace bien, podría crear un espacio para que te vuelvas menos reactivo, menos defensivo y más curioso en situaciones en las que quizá prevalecería el pensamiento rígido.

Tómate unos momentos y escribe un puñado de creencias que das por verdaderas. Luego escribe unas cuantas creencias de las que estés menos seguro. Ahora, analiza el momento de tu vida cuando adoptaste cada creencia y por qué. ¿Cómo te sirvió la creencia en ese momento de tu vida? Ahora explora si esa creencia te sirve actualmente. ¿Te está ayudando a ser la persona que quieres ser? ¿Te está ayudando a alcanzar tus metas y la visión para la vida que quieres llevar? ¿O esa creencia limita lo que es posible para ti?

12

Mira quién habla

El león no voltea cuando el que ladra es un perrito.

PROVERBIO AFRICANO

Con 1.87 metros de altura y 131 kilogramos de peso, Nate Hobgood-Chittick era un hombre corpulento con un espíritu de vida aún más grande, pero aun así era demasiado pequeño para ser un tacle defensivo. Nate jugó cuatro años en la NFL y ganó un Supertazón con los Carneros de San Luis. Nate era un amigo querido. Falleció demasiado pronto, a los 46 años. Nos encantaba hablar de la vida espiritual, de cómo llegar a ser lo mejor de uno mismo y de cómo apoyar y cuestionar de mejor manera a otros en sus aventuras de vida. Me enseñó mucho y también lo extraño mucho. Todavía puedo oír su tremenda risa y sentir cómo vivía su vida al máximo. Amaba a su familia, a la gente y a la vida.

En sus primeros días en el futbol americano, Nate me describió cómo algunos entrenadores lo menospreciaban, humillaban e incluso amenazaban. «Qué lento eres. Ya te dije un millón de veces que no vas a pasar al siguiente nivel. Por qué no puedes dar medio paso atrás. Es medio paso, no un paso entero. ¿Qué te pasa?». El entrenamiento de tipo emocionalmente abusivo puede ser difícil de reconocer. Algunos atletas están dispuestos a soportar cualquier cosa que les pueda ayudar a lograr el éxito. Pueden malinterpretar la práctica abusiva como una señal de que su entrenador está interesado en ayudarlos a mejorar. Nate no se dejó engañar por eso. «Mike», me dijo, «no sabes lo que es que un adulto te grite constantemente frente a tus amigos. Era una parte aceptada de la cultura, pero te desmoralizaba. Yo no iba a prosperar en ese tipo de ambiente».

A Nate se le ocurrió una herramienta astuta desde temprana edad para lidiar con el reto de distinguir las opiniones que lo elevaban de aquellas que lo derrumbaban. Reconoció que para poder mejorar tenía que separar el veneno de los aportes valiosos. No podía limitarse a ignorar a los entrenadores, así que levantó «la pantalla». Cuando un entrenador se le acercaba o le gritaba del otro lado del campo, las únicas cosas que pasaban por la pantalla eran cosas que lo ayudarían a mejorar. El desprecio y la negatividad se quedaban del lado del entrenador.

En lugar de caer en la trampa de aceptar o rechazar una opinión por reflejo, la pantalla de Nate le permitió controlar el proceso. Le dio la oportunidad de poner pausa y evaluar el mérito de la perspectiva de alguien más antes de responder.

Exacto. El primer paso para reaccionar a las opiniones de otros es, precisamente, no reaccionar. Respira hondo. Tal cual.

¿Qué viene después de que la opinión se da contra la pantalla? ¿Cómo distinguimos las opiniones que nos ayudan a crecer de aquellas que todavía nos tienen en terapia cinco años después?

Con frecuencia formulamos la respuesta como una elección primaria. Actuamos como si la opinión de todos importara. O al pasar hasta el extremo opuesto del espectro, decimos que no nos importa nada la opinión de nadie. Parecen planteamientos diametralmente opuestos, pero en realidad llegan al mismo destino. Si la opinión de todos importa, perdemos nuestra capacidad de ser abiertos y vulnerables, de tomar riesgos y de aventurarnos por miedo a cómo nos veremos. Por otro lado, cuando nos deja de importar lo que otros piensan, vamos en contra de nuestra programación neurobiológica. De cualquier manera, terminamos desconectados de nosotros mismos y de la gente alrededor.

Hablé con la investigadora y autora Brené Brown en el pódcast *Finding Mastery* sobre un camino alternativo que esté alineado con nuestra integridad individual y que sea fiel a nuestra naturaleza inherentemente social. Brown cree que «nuestro trabajo consiste en concretar qué opiniones importan y encontrar a la gente que te quiera, no a pesar de tu vulnerabilidad o a pesar de tu imperfección, sino por ellas».

El principal filtro de Brown para las opiniones que importan es que una persona tiene que estar en la arena. Alguien que se esfuerza en la vida, que intenta y fracasa y «cuyo rostro está dañado por el polvo, sudor y sangre». En contraste, las opiniones de los que no ponen un pie en la arena porque no pueden controlar el resultado, pero en vez de eso lanzan «insultos y críticas» desde sus asientos baratos, esas nunca van a importar.

La mesa redonda

La pantalla de Nate es un recordatorio de que al final no controlamos las opiniones, sino cuáles y las de quiénes permitimos entrar y lo que hacemos con ellas. Pero eso plantea una pregunta: ¿en las opiniones de quiénes confiamos y cómo diferenciamos la información que es sincera, precisa y, sobre todo, útil?

En lugar de reaccionar a las opiniones en función de las circunstancias, puedes establecer una estrategia. Comienza por crear una mesa redonda de gente cuyas opiniones te importen. Identifica a esas dos, cuatro, ocho o diez personas en cuyo consejo confías. Podrían ser familiares, amigos, mentores o expertos. Que sea una lista pequeña. Puede que las personas que elijas para tu mesa redonda no sean caballeros del rey Arturo, pero ese espíritu caballeresco aún puede ser lo que dé vida a tus relaciones con ellos.

Para tener un lugar en la mesa redonda, asegúrate de que cada persona esté comprometida a apoyarte y protegerte. Al configurar tu mesa redonda, pregúntate: ¿quién te respalda? ¿Quién realmente te entiende, no solo a tu yo refinado y empaquetado, sino a la versión de ti que se esfuerza, lucha y es vulnerable, esa que intenta descifrar la vida sobre la marcha? ¿Quién tiene una gran fidelidad a la verdad? ¿Quién ha vivido una vida que respetas?

Tu mesa redonda podría convertirse en el circuito de retroalimentación más importante de tu vida, pero eso no significa que sus opiniones sean lo único que tenga impacto sobre ti. Nos guste o no, todos los días nos inundan opiniones de amigos, familiares, colegas, socios, entrenadores, compañeros de equipo, figuras públicas, marcas, *bots* y desconocidos. Si respondiéramos a cada una de ellas, nos quedaría muy poco margen para nuestros propios pensamientos. La vida sería un juego de golpear al topo donde de forma constante haríamos caso a las opiniones de los demás. Pero si simplemente intentamos bloquear todas las opiniones de los otros, nos perderíamos información valiosa y oportunidades para aprender de nosotros mismos. Y no es realmente posible mantener a raya las opiniones de todos los demás. Algunas opiniones se abren paso a través de la pantalla y se quedan con nosotros, y cuando eso pasa, por lo general hay algo que podemos aprender de nosotros mismos.

De la idea a la acción

Cuando tengas una fuerte reacción emocional inmediata a la opinión de alguien, ya sea positiva o negativa, préstale atención. Resiste la tentación de anularla o suprimirla. Tu reacción está llena de información sobre lo que pasa internamente. ¿Arrasó contigo como una droga, confirmando una idea que ya tenías de ti mismo? ¿O se conectó con tu respuesta de supervivencia y secuestró tu atención para que tu cuerpo se pudiera preparar para pelear, huir o paralizarse? Como sea que respondas a esa opinión que penetra en tu pantalla, el regalo está en tu reacción.

El siguiente paso cuando te confronta una opinión que no te puedes sacudir, o una que escuchas múltiples veces, es hacer uso de la sabiduría de la mesa redonda. Llama a alguien de tu círculo y ve si tiene el mismo punto de vista que tú. Explóralo con ellos.

Una vez que recibas su retroalimentación, reflexiona al respecto. El proceso del FOPO se construye sobre la ilusión de que no podemos confiar en nosotros mismos. Haz un diario con eso: ve a ese lugar donde tus pensamientos se liberan de la convención. Quizá sea tu recámara. O debajo del roble. O en ese sillón de piel en tu esquina favorita del Starbucks local. Explora tu reacción y el pensamiento que la rodea. Entiende qué es lo que defiendes o aceptas.

13

La prueba de Litmus

Que cada cosa que hagas, digas o pretendas
sea como la que hace una persona agonizante.
MARCO AURELIO

El mayor arrepentimiento de los que van a morir

Durante ocho años, la australiana Bronnie Ware fue una cuidadora que atendía gente que estaba muriendo. Sus pacientes sabían que tenían una grave enfermedad, y la mayoría estaba en sus últimas tres o 12 semanas de vida. Les ayudaba a hacer las cosas que para ellos era difícil hacer solos: bañarse, preparar comida, limpiarse, organizar sus medicinas. Pero gradualmente se dio cuenta de que su papel más importante no era físico, sino emocional. Estaba ahí para escuchar.

Estaba ahí para escuchar que sus pacientes le dieran lo que el famoso psicólogo germano-estadounidense Erik Erikson describe como «un recuento retrospectivo de la vida de uno hasta la fecha».[1] Erikson planteó que en su octava y última etapa de desarrollo humano, las personas tendían a reflexionar sobre lo que habían hecho en su vida y si estaban o no satisfechas con la manera en que habían vivido y en quiénes se habían convertido. O se iban con un sentimiento de satisfacción o con un sentimiento de arrepentimiento y desesperación.

Bronnie Ware catalogó sus retrospecciones íntimas. Eran muchos más los pacientes que arrastraban remordimientos en sus últimos días que los que no tenían ninguno. Casi todos los remordimientos se debían a la falta de valor para buscar la vida que deseaban. Su remordimiento número uno: las personas deseaban tener el valor para vivir una vida fiel a sí mismas en lugar de una vida que los demás esperaban de ellas.

Repito eso. El mayor remordimiento de las personas al final de sus vidas era vivir para tener la aprobación de los demás.

Cuando la fiesta termine y todos, junto con sus opiniones, se vayan a casa, te preguntarás por qué les diste tanto poder en tu vida.

No buscamos lo que más valoramos

En 2004, el premio Nobel de Economía Daniel Kahneman y un grupo de científicos publicaron un estudio en la revista *Science* que subraya esta idea.[2] Les pidieron a novecientas mujeres llenar un diario largo y un cuestionario que detallara sus actividades diarias y que calificaran un rango de sentimientos durante cada experiencia (feliz, impaciente, deprimida, preocupada, cansada, etc.) con una escala de siete puntos. Los investigadores compararon cuánta satisfacción obtenían las mujeres de cada una de las actividades diarias en términos de su sensación de felicidad y disfrute.

Uno supondría que las actividades que las mujeres habían elegido de forma voluntaria les darían la mayor satisfacción. Si eligen hacer algo, realmente deben disfrutarlo, ¿no? Pues no exactamente. Las mujeres dijeron tener mayor satisfacción de actividades espirituales —meditar, orar, ir a la iglesia— que de ver televisión. Pero pasaban cinco veces más tiempo frente a la pantalla que enfrascadas en actividades que eran más satisfactorias.

Vivir sin reloj de tiro

Hay una disonancia entre las elecciones que queremos hacer y las que hacemos en realidad. ¿Por qué? No reconocemos que el tiempo es la mercancía más valiosa de todas.

Vivimos como si fuéramos a vivir por siempre. Cuando nos despedimos de la gente, decimos «Nos vemos después», como si fuera inevitable. Pero todos sabemos que algún día ese saludo seguro y presuntuoso no será verdadero. Hemos mandado al fondo nuestra mortalidad en la cultura occidental. Cuando la muerte sí sucede, es algo que les pasa a otros. Todos sabemos que vamos a morir, pero no pensamos que vaya a pasar hoy, la próxima semana o el próximo año. Hemos confeccionado una visión de la vida en la que la muerte no es una realidad, al menos no en el futuro próximo.

El costo de vivir sin un reloj de tiro: es fácil desalinearnos de nuestros valores.

La escasez es un término ampliamente aceptado en las ciencias conductuales. Cuando hay una cantidad limitada de un recurso, tendemos a valorarlo más. La muerte crea escasez de vida física (el tiempo que estamos en este planeta). Cómo elegimos usar nuestro tiempo se vuelve la decisión más significativa y crucial que tomamos en nuestra vida.

Vivir con una conciencia de nuestra propia mortalidad cambia de manera fundamental lo que valoramos y cómo elegimos usar nuestro tiempo. Desenmascara las búsquedas frívolas y vacías que nuestra cultura valida. ¿Realmente importa la respuesta a tu publicación en redes sociales? ¿Importó que hicieras esa publicación? ¿Importa qué auto conduces? ¿Importa que tu cabello se vea bien un día o que se vea mal en otro? ¿Importa que seas más listo que la mayoría de las personas? ¿Más inteligente? ¿Menos inteligente? ¿Que tengas mejor estructura ósea? ¿Importa que un grupo de amigos te saque de su círculo social?

Si te dejan entrar, ¿realmente quieres pasar tu precioso tiempo con ellos?

Asumir por completo el hecho de que no vamos a vivir por siempre hace que enfoquemos con nitidez nuestros valores. Vemos con claridad lo que importa. Cuando el avión desciende de repente por una cortante de viento y estamos aterrados momentáneamente, no pensamos en el brindis de boda donde nos trabamos o en la vergüenza de que nos despidieran de ese trabajo que ni siquiera nos gustaba. Cuando la dermatóloga dice que quiere hacer una biopsia de la marca con forma irregular porque se ve precancerosa, no estamos pensando en esa imagen de grandes logros que hemos construido con cuidado para nuestros colegas.

La posibilidad de que se interrumpa la vida, quizá de manera permanente, cambia de forma drástica nuestra perspectiva tanto en el valor del tiempo como en lo que valoramos. Nuestras mentes se dirigen a lo que nos importa mucho. En esos momentos, la conciencia de la mortalidad actúa como un purificador que se lleva todo excepto lo que más importa.

Volviendo a *El club de la pelea,* Tyler Durden (en actuación de Brad Pitt) sujeta a un empleado de tienda, Raymond K. Hessel, y le dice que se va a morir. Durden comienza a revisar el contenido de la cartera de Hessel, lo que le da al público un vistazo a la vida insatisfecha y pesimista de este. Hessel se ha conformado con una existencia mediocre y no tiene ninguna motivación para cambiarla. Al ver su credencial de estudiante con la fecha vencida, Durden amartilla la pistola y pregunta: «¿Qué querías ser?». A Hessel le cuesta trabajo, pero balbucea una respuesta: «Veterinario». Quería ser veterinario, pero se rindió porque era demasiado difícil. Durden le dice a Hessel que se va a quedar con su licencia y promete que si no está en camino a convertirse en veterinario cuando él regrese en seis semanas, lo matará.

Nadie necesita una iluminación al estilo de *El club de la pelea*, pero el mensaje es claro. Durden está obligando a Hessel a confrontar su mortalidad en un esfuerzo por despertarlo, por recordarnos a todos que no tenemos tiempo que perder.

En 2005, el fundador y director ejecutivo de Apple, Steve Jobs, expresó un sentimiento similar en su sincero discurso de graduación ante los estudiantes de la Universidad de Stanford. A Jobs le habían diagnosticado una forma rara de cáncer de páncreas en 2003, pero en el momento del discurso ya no tenía cáncer.

> Recordar que pronto estaré muerto es la herramienta más importante que he encontrado para ayudarme a tomar las grandes decisiones de la vida. Porque casi todo —todas las expectativas exteriores, todo el orgullo, todo el miedo al ridículo o al fracaso— se cae frente a la muerte, y deja solo lo que realmente es importante. Recordar que uno va a morir es la mejor forma que conozco para evitar la trampa de pensar que tienes algo que perder. Ya están desnudos. No hay razón para no seguir su corazón. [...]
>
> Su tiempo es limitado, así que no lo desperdicien viviendo la vida de alguien más. Que no los atrape el dogma, que es vivir con los resultados del pensamiento de los demás. No dejen que el ruido de las opiniones de los demás ahogue su propia voz interior. Y sobre todo, tengan el valor de seguir su corazón e intuición. De alguna manera, esas dos cosas ya saben en qué se quieren convertir en realidad. Todo lo demás es secundario.[3]

La conciencia de Jobs de su propia mortalidad lo liberó para buscar la vida en sus propios términos.

El emperador romano y filósofo estoico Marco Aurelio expresó la idea de manera aún más sucinta: «Podrías dejar la vida ahora mismo. Que eso determine lo que haces, dices y piensas».

Ninguna tradición filosófica le da más importancia a reflexionar sobre nuestra propia mortalidad que el estoicismo. Los estoicos enseñaban, casi de manera contradictoria, que contemplar con regularidad nuestra muerte puede mejorar drásticamente nuestras vidas cotidianas.

En 1991, mi profesor de filosofía en la universidad, John Perkins, me introdujo en el estoicismo y de inmediato me enganché en la naturaleza práctica e increíblemente aplicada de los primeros principios de los estoicos. En lugar de una idea mórbida, la inevitabilidad de la muerte sirvió para que los estoicos estuvieran agradecidos por el tiempo que tenemos, apreciaran cada día y fueran juiciosos en cómo usamos nuestro valioso tiempo. Eran muy claros en su planteamiento de no invertir tiempo en cosas que no podemos cambiar (la muerte, las opiniones de los demás, etc.), sino más bien enfocarse en lo que está 100% bajo nuestro control (nuestros pensamientos, palabras y acciones). La primera regla de la maestría de nosotros mismos y lo que hacemos, trabajar de adentro hacia afuera, se caracteriza por trabajar para dominar lo que está bajo nuestro control y se alinea con nuestras virtudes fundamentales y nuestro propósito en la vida. Cuándo morimos es mucho menos importante que cómo queremos vivir.

Como escribe Séneca en *De la brevedad de la vida*:

> No es que tengamos un espacio corto de tiempo, sino que lo desperdiciamos demasiado. La vida es bastante larga y se nos ha dado en una medida suficientemente generosa para permitir el logro de las más grandes cosas si su totalidad está bien empleada. Pero cuando se despilfarra en lujo y descuido, cuando se dedica a fines estériles, obligada por fin a la necesidad final, percibimos que ha pasado antes de que fuéramos conscientes de que estaba pasando.[4]

Jeff Bezos aplicó una perspectiva similar a Amazon. En una junta en Seattle en 2015, a Bezos le preguntaron sobre el futuro de la compañía después de la bancarrota de muchos de los grandes distribuidores. Bezos respondió: «Amazon no es demasiado grande como para fallar. De hecho, presagio que algún día Amazon fracasará. Amazon se irá a la bancarrota. Si miras las empresas grandes, sus vidas tienden a ser de unos treinta años o más, no de más de cien».[5]

Bezos no intentaba que los accionistas y empleados entraran en pánico al recordarles que Amazon tenía una vida limitada. En vez de eso, estaba alentando a los empleados a usar ese conocimiento y deshacerse de sus ansiedades respecto a la competencia y enfocarse en lo que podían controlar: dar servicio a los clientes.

Muerte y dolor dental

Quizá pensemos que los recordatorios de la mortalidad nos van a arrojar a una espiral existencial, pero no es el caso. Los psicólogos Nathan DeWall y Roy Baumeister condujeron tres experimentos para ver cómo respondía la gente al contemplar su propia muerte. A la mitad de los 432 voluntarios universitarios les pidieron pensar en lo que es estar muertos y escribir ensayos sobre lo que imaginaban que les pasara cuando se estaban muriendo.

Cuando los voluntarios estaban absortos en pensamientos de muerte y el acto de morir, los investigadores les dieron una serie de pruebas de palabras diseñadas para sacar emociones inconscientes. Les pidieron completar fragmentos de palabras como *go*____ o *en*__________ con letras de su elección. Algunas raíces de palabras tenían la intención de provocar respuestas emocionalmente positivas o neutrales, como *goce* o *gota*, mientras que otras se podían llenar de manera neutral o negativa: *enojarse* o *entender*. Los resultados reflejaron cómo trabaja la mente inconsciente.

Los investigadores descubrieron que los que pensaban en su propia muerte no se hundían en la desesperación, sino que se ponían más felices. Su subconsciente generaba de forma significativa más asociaciones y sentimientos positivos que el grupo del dolor dental. Los investigadores creen que es una respuesta inmunitaria psicológica que nos protege de la amenaza de la muerte.

¿De qué te vas a arrepentir al final de tu vida?

No sabemos cuánto tiempo vamos a vivir en esta forma física, así que hagamos planes como si ese gran misterio estuviera a la vuelta de la esquina.

¿Quieres saber de qué te vas a arrepentir al final de tu vida? Simplemente pregúntate de qué te arrepientes justo ahora. Si quisieras estar más presente para tu hija de dos años ahora, es probable que vayas a tener el mismo remordimiento de aquí a cuatro décadas. Si te arrepientes de optar por la comodidad y familiaridad de tu trabajo actual en lugar de soñar en grande, es probable que tengas un remordimiento similar más adelante. La gran diferencia entre ahora y entonces es que tienes la capacidad de hacer algo ahora.

Tienes una opción en cada momento de tu vida para ver si vas a jugar al juego del FOPO. ¿Te vas a pasar tus preciosos días, horas y momentos preocupado por las opiniones de los demás? ¿Te vas a pasar tu breve tiempo en este planeta preocupado por lo que otras personas piensen que debes decir, hacer o sentir?

De la idea a la acción

Practicar este ejercicio es increíblemente sencillo. Cuando te despidas de alguien, hazlo como si no fueras a volver a verlo. Dile adiós de manera que demuestres la gratitud que sientes por el tiempo que pasaron juntos.

Comienza con una persona hoy. Mañana hazlo con dos. Sigue trabajando hasta que se vuelva parte de tu rutina diaria.

Al reconocer y aceptar la fragilidad inherente a la vida, fomentamos un aprecio genuino por la gente que nos regaló su presencia durante nuestro breve paso por este increíble planeta.

Notas

Introducción

[1] Cal Callahan, «Lauren Bay-Regula: Life as an Olympian, Mom y Entrepreneur», 28 de enero de 2020, pódcast *The Great Unlearn*, https://podcasts.apple.com/us/podcast/the-great-unlearn/id1492460338?i=1000463898379.

[2] Cuando decimos el mayor limitante del potencial humano, reconocemos que el miedo a que te maten, morir de hambre o perder tu empleo son mayores limitantes. Este libro trata sobre la calidad de vida que vivimos, no sobre supervivencia.

[3] Scott Barry Kaufman, «Sailboat Metaphor», https://scottbarrykaufman.com/sailboat-metaphor.

[4] Michael Gervais, «How to Stop Worrying about What Other People Think of You», hbr.org, 2 de mayo de 2019, https://hbr.org/2019/05/how-to-stop-worrying-about-what-other-people-think-of-you.

[5] Lauren Regula, publicación de Instagram, 7 de septiembre de 2022.

Capítulo 1

[1] Citado y traducido al inglés por Alexander Wheelock Thayer, en *The Life of Ludwig van Beethoven: Vol. 1* [1866], ed. Henry Edward Krehbiel (Nueva York: The Beethoven Association, 1921), 300.

[2] Thayer, *The Life of Ludwig van Beethoven*, p. 300.

[3] El testamento de Heiligenstadt, una carta que Beethoven escribió a sus hermanos Carl y Johann el 6 de octubre de 1802, http://www.lvbeethoven.com/Bio/BiographyHeiligenstadtTestament.html.

[4] Jan Swafford, *Beethoven: Anguish and Triumph; A Biography* (Boston: Houghton Mifflin Harcourt, 2014), 428; H. C. Robbins Landon, *Beethoven: A Documentary Story* (Nueva York: Macmillan, 1974), 210. El médico de Lichnowsky, el doctor Anton Weiser, cuenta la historia de cuando Beethoven se ofendió porque le pidieron tocar el violín en una cena.

[5] Swafford, *Beethoven*, 21.

[6] Swafford, *Beethoven*, 53.

[7] Franz Wegeler y Ferdinand Ries, *Beethoven Remembered: The Biographical Notes of Franz Wegeler and Ferdinand Ries* (Salt Lake City: Great River Books, 1987), 39.

[8] Swafford, *Beethoven*, 98-99.

[9] Swafford, *Beethoven*, 128. «Parte de su don era el rapto, esa capacidad de retirarse a un mundo interior que lo llevaba más allá de todo y de todos los que lo rodeaban y también lo llevaba más allá de la legión de aflicciones que lo asaltaban. Improvisando al teclado y de otras maneras, encontraba la soledad incluso en compañía».

[10] Swafford, *Beethoven*, 98-99.

[11] Carta del testamento de Heiligenstadt.

[12] David Ryback, *Beethoven in Love* (Andover: Tiger Iron Press, 1996). La cita es de Beethoven en 1817.

[13] Nicholas Cook, *Beethoven: Symphony No. 9* (Cambridge: Cambridge University Press, 1993).

Capítulo 2

[1] Michael Gervais, «Tune Up Your Mind-A Music Legend's Journey of Self-Evolution», pódcast de *Finding Mastery*, 28 de junio de 2023, https://findingmastery.com/podcasts/moby-lindsay/.

[2] Esto hace eco a una cita que se le atribuye al psiquiatra austriaco y sobreviviente del Holocausto Viktor Frankl, pero es de orígenes inciertos: «Entre estímulo y respuesta hay un espacio. Y en ese espacio está nuestro poder para elegir la respuesta. En nuestra respuesta reside nuestro crecimiento y libertad».

[3] Mark Leary, «Is It Time to Give Up on Self-Esteem?», *The Society for Personality and Social Psychology*, 9 de mayo de 2019, https://spsp.org/news-center/character-context-blog/it-time-give-self-esteem.

Capítulo 3

[1] N. C. Larson *et al.*, «Physiological Reactivity and Performance Outcomes under High Pressure in Golfers of Varied Skill Levels», presentación oral en el World Scientific Congress of Golf, Phoenix, Arizona, marzo 2012.

[2] Thomas Hobbes, *Leviathan*, parte 1, capítulo 13, 58.

[3] W. B. Cannon, *Bodily Changes in Pain, Hunger, Fear, and Rage: An Account of Recent Researches into the Function of Emotional Excitement* (New York: D. Appleton and Company, 1915); Keith Oatley, Dacher Keltner y Jennifer M. Jenkins, *Understanding Emotions*, 2da ed. (Hoboken: Wiley-Blackwell Publishing, 2006).

[4] Cannon, *Bodily Changes in Pain, Hunger, Fear, and Rage.*

[5] Cannon, *Bodily Changes in Pain, Hunger, Fear, and Rage.*

[6] Cannon, *Bodily Changes in Pain, Hunger, Fear, and Rage.*

[7] Cannon, *Bodily Changes in Pain, Hunger, Fear, and Rage.*

[8] Stephanie A. Maddox, Jakob Hartmann, Rachel A. Ross y Kerry J. Ressler, «Deconstructing the Gestalt: Mechanisms of Fear, Threat, and Trauma Memory Encoding», *Neuron* 102, núm. 1 (2019): 60-74.

[9] Joseph E. LeDoux, «Coming to Terms with Fear», *PNAS* 111, núm. 8 (2014): 2871-2878.

[10] Josephine Germer, Evelyn Kahl y Markus Fendt, «Memory Generalization after One-Trial Contextual Fear Conditioning: Effects of Sex and Neuropeptide S Receptor Deficiency», *Behavioural Brain Research* 361, no. 1 (2019): 159-166; Kim Haesen, Tom Beckers, Frank Baeyens y Bram Vervliet, «One-Trial Overshadowing: Evidence for Fast Specific Fear Learning in Humans», *Behaviour Research and Therapy* 90 (2017): 16-24.

[11] Roy F. Baumeister, Ellen Bratslavsky, Catrin Finkenauer y Kathleen D. Vohs, «Bad Is Stronger Than Good», *Review of General Psychology* 5, núm. 4 (2001): 323-370.

[12] Arun Asok, Eric R. Kandel y Joseph B. Rayman, «The Neurobiology of Fear Generalization», *Frontiers in Behavioral Neuroscience* 12 (2019).

[13] David Watson y Ronald Friend, «Measurement of Social-Evaluative Anxiety», *Journal of Consulting and Clinical Psychology* 33, núm. 4 (1969): 448-457.

Capítulo 4

[1] Brad Rock, citado en David Fleming, «Before "The Last Dance", Scottie Pippen Delivered Six Words of Trash Talk That Changed NBA History», *ESPN*, 15 de mayo de 2020, https://www.espn.com/NBA/story/_/id/29166548/before-last-dance-scottie-pippen-delivered-six-words-trash-talk-changed-NBA-history.

[2] Nina Strohminger, Joshua Knobe y George Newman, «The True Self: A Psychological Concept Distinct from the Self», *Association for Psychological Science* 12, núm. 4 (2017): 551-560.

[3] Michael A. Hogg y Dominic Abrams, *Social Identifications: A Social Psychology of Intergroup Relations and Group Processes* (Londres: Routledge, 1998).

[4] *El club de la pelea*, dirigida por David Fincher, 1999.

[5] Lewis Carroll, *Alice's Adventures in Wonderland* (Nueva York y Boston: T. Y. Crowell & Co., 1893).

[6] APA, *Dictionary of Psychology*.

[7] Paul Blake, «What's in a Name? Your Link to the Past», *BBC*, 26 de abril de 2011, https://www.bbc.co.uk/history/familyhistory/get_started/surnames_01.shtml.

[8] Zygmunt Bauman, «Identity in the Globalising World», *Social Anthropology* 9, núm. 2 (2001): 121-129; Anthony Giddens, *The Consequences of Modernity* (Stanford: Stanford University Press, 1991).

[9] Jeffrey J. Arnett, «The Psychology of Globalization», *American Psychologist* 57, núm. 10 (2002): 774-783.

[10] Michael Lipka, «Why America's "Nones" Left Religion Behind», Pew Research Center, 24 de agosto de 2016, https://www.pewresearch.org/fact-tank/2016/08/24/why-americas-nones-left-religion-behind/.

[11] La regla de las diez mil horas popularizada por Malcom Gladwell no se alinea con precisión a la investigación original de Anders Ericsson sobre el desarrollo de la pericia.

[12] Nadia Shafique, Seema Gul y Seemab Raseed, «Perfectionism and Perceived Stress: The Role of Fear of Negative Evaluation», *International Journal of Mental Health* 46, núm. 4 (2017): 312-326.

[13] Conversación con el doctor Ben Houltberg, 9 de marzo de 2021.

[14] Albert Bandura, *Self-Efficacy: The Exercise of Control* (Nueva York: W. H. Freeman and Company, 1997), 3.

[15] Michael Gervais, «Missy Franklin on Being a Champion in Victory and Defeat», pódcast *Finding Mastery*, 4 de diciembre de 2019, https://podcasts.apple.com/kw/podcast/missy-franklin-on-being-a-champion-in-victory-and-defeat/id1025326955?i=1000458624052.

[16] Benjamin W. Walker y Dan V. Caprar, «When Performance Gets Personal: Towards a Theory of Performance-Based Identity», *The Tavistock Institute* 73, núm. 8 (2019): 1077-1105.

[17] Joseph Campbell, *Reflections on the Art of Living: A Joseph Campbell Companion* (Nueva York: Harper Perennial, 1995).

[18] Dan Gilbert, «The Psychology of Your Future Self», TED talk, 2014, https://www.ted.com/talks/dan_gilbert_the_psychology_of_your_future_self.

[19] Jordi Quoibach, Daniel T. Gilbert y Timothy D. Wilson, «The End of History Illusion», *Science* 339, núm. 6115 (2013): 96-98.

[20] Robbie Hummel y Jeff Goodman, «Jim Nantz Joins 68 Shining Moments to Discuss His Most Famous Calls, Giving Out Ties and His Favorite March Memories», pódcast *68 Shining Moments*, marzo 2021, https://open.spotify.com/episode/3EbQCv7eHwSdVOQCPqQUeL.

Capítulo 5

[1] William James, «The Conscious Self», en William James, *The Principles of Psychology, vol. 1* (Boston: Harvard University Press, 1892).

[2] Jennifer Crocker y Connie T. Wolfe, «Contingencies of Self-Worth», *Psychological Review* 108, núm. 3 (2001): 593-623.

[3] Crocker y Wolfe, *Contingencies of Self-Worth.*

[4] Jennifer Crocker, «The Costs of Seeking Self-Esteem», *Journal of Social Issues* 58, núm. 3 (2002): 597-615.

[5] Crocker, *The Costs of Seeking Self-Esteem.*

[6] Charles S. Carver y Michael F. Scheier, *On the Self-Regulation of Behavior* (Cambridge: Cambridge University Press, 1998); Jennifer Crocker y Lora E. Park, *Seeking Self-Esteem: Construction, Maintenance y Protection of Self-Worth*, University of Michigan, documento de trabajo, 1 de enero de 2003.

[7] Roy F. Baumeister, Ellen Bratslavsky, Mark Muraven y Dianne M. Tice, «Ego Depletion: Is the Active Self a Limited Resource?», *Journal of Personality and Social Psychology* 74, núm. 5 (1998): 1252-1265; Roy F. Baumeister, Brad J. Bushman y W. Keith Campbell, «Self-Esteem, Narcissism y Aggression: Does Violence Result from Low Self-Esteem or from Threatened Egotism?», *Current Directions in Psychological Science* 9, núm. 1 (2000): 26-29; Michael H. Kernis y Stefanie B. Waschull, «The Interactive Roles of Stability and Level of Self-Esteem: Research and Theory», en Mark P. Zanna (ed.), *Advances in Experimental Social Psychology*, vol. 27 (Cambridge: Academic Press, 1995), 93-141.

[8] Rick Hanson, *Buddha's Brain: The Practical Neuroscience of Love, Happiness and Wisdom* (Oakland: New Harbinger Publications, 2009).

[9] Albert Bandura, *Social Learning Theory* (Englewood Cliffs: Prentice Hall, 1977).

[10] Avi Assor, Guy Roth y Edward L. Deci, «The Emotional Costs of Parent's Conditional Regard: A Self-Determination Theory Analysis», *Journal of Personality* 72, núm. 1 (2004): 47-88.

[11] Ece Mendi y Jale Eldeleklioğlu, «Parental Conditional Regard, Subjective Well-Being and Self-Esteem: The Mediating Role of Perfectionism», *Psychology* 7, núm. 10 (2016): 1276-1295.

[12] Dare A. Baldwin y Louis J. Moses, «Early Understanding of Referential Intent and Attentional Focus: Evidence from Language and Emotion», en Charlie Lewis y Peter Mitchell (eds.), *Children's Early Understanding of Mind: Origins and Development* (Hillsdale: Lawrence Erlbaum Associates, 1994), 133-156; Richard M. Ryan, Edward L. Deci y Wendy S. Grolnick, «Autonomy, Relatedness, and the Self: Their Relation to Development and Psychopathology», en Dante Cicchetti y Donald J. Cohen (eds.), *Developmental Psychopathology, Volume 1: Theory and Method* (Hoboken: John Wiley and Sons, 1995), 618-665; Susan Harter, «Causes and Consequences of Low Self-Esteem in Children and Adolescents», en Roy Baumeister (ed.) *Self-Esteem: The Puzzle of Low Self-Regard* (Nueva York: Plenum Press, 1993), 87-116.

[13] Tim Kasser, Richard M. Ryan, Charles E. Couchman y Kennon M. Sheldon, «Materialistic Values: Their Causes and Consequences», en Tim Kasser y Allen D. Kanner (eds.), *Psychology and Consumer Culture: The Struggle for a Good Life in a Materialistic World* (Washington D. C.: American Psychological Association, 2004), 11-28.

[14] Rory Sutherland, «Life Lessons from an Ad Man», TED talk, 2008, https://www.ted.com/talks/rory_sutherland_life_lessons_from_an_ad_man.

Capítulo 6

[1] Timothy D. Wilson *et al.*, «Just Think: The Challenges of the Disengaged Mind», *Science* 345, núm. 6192 (2014): 75-77.

[2] El nombre en inglés no debe confundirse con Depeche Mode, una banda de música electrónica de la década de 1980.

[3] Marcus Raichle entrevistado por Svend Davanger, «The Brain's Default Mode Network-What Does It Mean to Us?», *The Meditation Blog*, 9 de marzo de 2015, https://www.themeditationblog.com/the-brains-default-mode-network-what-does-it-mean-to-us/.

[4] Randy L. Buckner, «The Serendipitous Discovery of the Brain's Default Network», *Neuroimage* 62 (2012): 1137-1147.

[5] Marcus E. Raichle y Abraham Z. Snyder, «A Default Mode of Brain Function: A Brief History of an Evolving Idea», *Neuroimage* 37 (2007): 1083-1090.

[6] Entrevista a Raichle, *Brain's Default Mode.*

[7] Marcus E. Raichle y Debra A. Gusnard, «Appraising the Brain's Energy Budget», *PNAS* 99, núm. 16 (2002): 10237-10239; Camila Pulido y Timothy A. Ryan, «Synaptic Vesicle Pools Are a Major Hidden Resting Metabolic Burden of Nerve Terminals», *Science Advances* 7, núm. 49 (2021).

[8] Matthew A. Killingsworth y Daniel T. Gilbert, «A Wandering Mind Is an Unhappy Mind», *Science* 330, núm. 6006 (2010): p. 932.

[9] Barbara Tomasino, Sara Fregona, Miran Skrap y Franco Fabbro, «Meditation-Related Activations Are Modulated by the Practices Needed to Obtain It and by the Expertise: An ALE Meta-Analysis Study», *Human Neuroscience* 6 (2012); Judson A. Brewer *et al.*, «Meditation Experience Is Associated with Differences in Default Mode Network Activity and Connectivity», *PNAS* 108, núm. 50 (2011): 20254-20259.

[10] Jon Kabat-Zinn, «Some Reflections on the Origins of MBSR, Skillful Means y the Trouble with Maps», *Contemporary Buddhism* 12, núm. 1 (2011): 281-306.

[11] Jon Kabat-Zinn, «Mindfulness-Based Interventions in Context: Past, Present y Future», *Clinical Psychology: Science and Practice* 10, núm. 2 (2003): 144-156.

Capítulo 7

[1] Thomas Gilovich, Victoria H. Medvec y Kenneth Savitsky, «The Spotlight Effect in Social Judgment: An Egocentric Bias in Estimates of the Salience of One's Own Actions and Appearance», *Journal of Personality and Social Psychology* 78, núm. 2 (2000): 211-222.

[2] Gilovich, Medvec y Savitsky, «Spotlight Effect in Social Judgment».

[3] Gilovich, Medvec y Savitsky, «Spotlight Effect in Social Judgment».

[4] Thomas Gilovich, «Differential Construal and the False Consensus Effect», *Journal of Personality and Social Psychology* 59, núm. 4 (1990): 623-634.

[5] Amos Tversky y Daniel Kahneman, «Judgment under Uncertainty: Heuristics and Biases», *Science* 185, núm. 4157 (1974): 1124-1131.

Capítulo 8

[1] «Theory of Mind, Harvard Medical School News and Research», 27 de enero de 2021, https://hms.harvard.edu/news/theory-mind.

[2] William Ickes, «Everyday Mind Reading Is Driven by Motives and Goals», *Psychological Inquiry* 22, núm. 3 (2011): 200-206.

[3] Nicholas Epley, *Mindwise: Why We Misunderstand What Others Think, Believe, Feel and Want* (Nueva York: Vintage, 2015).

[4] Epley, *Mindwise.*

[5] Belinda Luscombe, «10 Questions for Daniel Kahneman», *Time,* 28 de noviembre de 2011, https://content.time.com/time/magazine/article/0,9171,2099712,00.html.

[6] Tal Eyal, Mary Steffel y Nicholas Epley, «Perspective Mistaking: Accurately Understanding the Mind of Another Requires Getting Perspective, Not Taking Perspective», *Journal of Personality and Social Psychology* 114, núm. 4 (2018): 547-571.

[7] Dale Carnegie, *How to Win Friends and Influence People* (Nueva York: Simon & Schuster, 2009).

[8] Nicholas Epley, «We All Think We Know the People We Love. We're All Deluded», *Invisibilia,* NPR, 22 de marzo de 2018, https://www.npr.org/sections/health-shots/2018/03/22/594023688/invisibilia-to-understand-another-s-mind-get-perspective-don-t-take-it.

[9] V. S. Ramachandran, *A Brief Tour of Human Consciousness* (Nueva York: PiPress, 2004), 3.

[10] Epley, *We All Think We Know the People We Love.*

[11] Erving Goffman, *The Presentation of Self in Everyday Life* (Nueva York: Anchor Books, 1959).

Capítulo 9

[1] Leo Benedictus, «#Thedress: 'It's Been Quite Stressful to Deal with It... We Had a Falling-Out», *Guardian,* 22 de diciembre de 2015, https://www.theguardian.com/fashion/2015/dec/22/thedress-internet-divided-cecilia-bleasdale-black-blue-white-gold.

[2] «Optical Illusion: Dress Colour Debate Goes Global», *BBC News,* 27 de febrero de 2015, https://www.bbc.com/news/uk-scotland-highlands-islands-

31656935; Benedictus, «#Thedress»; Terrence McCoy, «The Inside Story of the "White Dress, Blue Dress" Drama That Divided a Planet», *Washington Post*, 27 de febrero de 2015, https://www.washingtonpost.com/news/morning-mix/wp/2015/02/27/the-inside-story-of-the-white-dress-blue-dress-drama-that-divided-a-nation/; Claudia Koerner, «The Dress Is Blue and Black, Says the Girl Who Saw It in Person», *BuzzFeed News*, 26 de febrero de 2015, https://www.buzzfeednews.com/article/claudiakoerner/the-dress-is-blue-and-black-says-the-girl-who-saw-it-in-pers.

[3] Pascal Wallisch, «Illumination Assumptions Account for Individual Differences in the Perceptual Interpretation of a Profoundly Ambiguous Stimulus in the Color Domain: "The Dress"», *Journal of Vision* 17, núm. 4 (2017): 5; Christoph Witzel, Chris Racey, J. Kevin O'Regan, «The Most Reasonable Explanation of "The Dress": Implicit Assumptions about Illumination», *Journal of Vision* 17, núm. 2 (2017): 1.

[4] Chris Shelton, «Let's Get into Neuroscience with Dr. Jonas Kaplan», pódcast *Sensibly Speaking*, https://www.youtube.com/watch?v=_dPl6NKI1M4, 41:00.

[5] Jonas Kaplan, «This Is How You Achieve Lasting Change by Rewiring Your Beliefs», *Impact Theory*, 25 de noviembre de 2021, https://impacttheory.com/episode/jonas-kaplan/.

[6] Christopher Chabris y Daniel Simons, *The Invisible Gorilla: And Other Ways Our Intuitions Deceive Us* (Nueva York: Crown Publishers, 2011).

[7] James Alcock, *Belief: What It Means to Believe and Why Our Convictions Are So Compelling* (Amherst: Prometheus Books, 2018).

[8] Joshua Klayman y Young-won Ha, «Confirmation, Disconfirmation and Information in Hypothesis Testing», *Psychological Review* 94, núm. 2 (1987): 211-228.

[9] Richard E. Nisbett y Timothy D. Wilson, «Telling More Than We Can Know: Verbal Reports on Mental Processes», *Psychological Review* 84, núm. 3 (1977): 231-259.

[10] Francis Bacon, *The New Organon, or True Directions Concerning the Interpretation of Nature*, p. 1620.

[11] Drake Baer, «Kahneman: Your Cognitive Biases Act Like Optical Illusions», *New York magazine*, 13 de enero de 2017, https://www.thecut.com/2017/01/kahneman-biases-act-like-optical-illusions.html.

[12] Baer, «Kahneman».

Capítulo 10

[1] Jeff Pearlman, *Love Me, Hate Me: Barry Bonds and the Making of an Antihero* (Nueva York: HarperCollins: 2006); Jeff Pearlman, «For Bonds, Great Wasn't Good Enough», *ESPN*, 14 de marzo de 2006, https://www.espn.com/mlb/news/story?id=2368395.

[2] A. W. Tucker, «The Mathematics of Tucker: A Sampler», *The Two-Year College Mathematics Journal* 14, núm. 3 (1983): 228-232.

[3] Varda Liberman, Steven M. Samuels y Lee Ross, «The Name of the Game: Predictive Power of Reputations versus Situational Labels in Determining Prisoner's Dilemma Game Moves», *Personality and Social Psychology Bulletin* 30, núm. 9 (2004): 1175-1185.

[4] Matthew Lieberman, «The Social Brain and the Workplace», conferencias en Google, 4 de febrero de 2019, https://www.youtube.com/watch?v=h7UR9JwQEYk.

[5] Alexis de Tocqueville, *Democracy in America,* vol. II, traducido al inglés por Henry Reeve, 1840.

[6] Mark Manson, «9 Steps to Hating Yourself a Little Less», blog de Mark Manson, 26 de agosto de 2016, https://markmanson.net/hate-yourself.

[7] Richard Schiffman, «We Need to Relearn That We're a Part of Nature, Not Separate from It», billmoyers.com, 2 de marzo de 2015.

[8] Scott Galloway, «The Myth—and Liability—of America's Obsession with Rugged Individualism», *Marker,* 15 de marzo de 2021, https://medium.com/marker/the-myth-and-liability-of-americas-obsession-with-rugged-individualism-cf0ba80c2a05.

[9] Roy F. Baumeister y Mark R. Leary, «The Need to Belong: Desire for Interpersonal Attachments as a Fundamental Human Motivation», *Psychological Bulletin* 117, núm. 3 (1995): 497-529.

[10] Baumeister y Leary, «The Need to Belong».

[11] Jonathan White, *Talking on the Water: Conversations about Nature and Creativity* (San Antonio: Trinity University Press, 2016).

Capítulo 11

[1] Charles G. Lord, Lee Ross y Mark R. Lepper, «Biased Assimilation and Attitude Polarization: The Effects of Prior Theories on Subsequently Considered Evidence», *Journal of Personality and Social Psychology* 37, núm. 11 (1979): 2098-2109.

[2] Jonas T. Kaplan, Sarah I. Gimbel y Sam Harris, «Neural Correlates of Maintaining One's Political Beliefs in the Face of Counterevidence», *Scientific Reports* 6 (2016): 39589.

[3] Brian Resnick, «A New Brain Study Sheds Light on Why It Can Be So Hard to Change Someone's Political Beliefs», *Vox,* 23 de enero de 2017, https://www.vox.com/science-and-health/2016/12/28/14088992/brain-study-change-minds.

[4] Jacqueline Howard, «This Is Why You Get Worked Up about Politics, According to Science», *CNN,* 3 de enero de 2017, https://www.cnn.com/2017/01/03/health/political-beliefs-brain/index.html.

[5] Valerie Curtis, Mícheál de Barra y Robert Aunger, «Disgust as an Adaptive System for Disease Avoidance Behaviour», *Philosophical Transactions of the Royal Society B* 366, núm. 1563 (2011): 389-401.

Capítulo 13

[1] Erik Erikson, *The Life Cycle Completed* (Nueva York: W. W. Norton, 1982), 112.

[2] Daniel Kahneman *et al.*, «A Survey Method for Characterizing Daily Life Experience: The Day Reconstruction Method», *Science* 306, núm. 5702 (2004): 1776-1780; Daniel Kahneman *et al.*, *The Day Reconstruction Method (DRM): Instrument Documentation,* julio de 2004, https://dornsife.usc.edu/assets/sites/780/docs/drm_documentation_july_2004.pdf.

[3] Steve Jobs, «Commencement Address», Stanford University, 12 de junio de 2005, https://news.stanford.edu/2005/06/14/jobs-061505/.

[4] Seneca, *On the Shortness of Life.*

[5] Eugene Kim, «One Day, Amazon Will Fail' but Our Job Is to Delay It as Long as Possible», *CNBC,* 15 de noviembre de 2018.

Agradecimientos

[1] En español en el original. [*N. del t.*].

Agradecimientos

Para Lisa, el amor de mi vida. Mi corazón se estremece con la claridad con la que compartes tu amor conmigo. Me sobrecoge tu inquebrantable capacidad de vivir con autenticidad. Tu compromiso inamovible con nuestra familia es una brisa bendita, un viento con gracia oportuna que porta nuestras experiencias con amor y aventura. Es por ti que ya no rezo por tener aguas tranquilas, sino que pruebo la fortaleza de nuestras velas. Tu amor me ha enseñado el verdadero significado de la aceptación. Te amo profundamente.

A mi hijo, Grayson, tu valor, fortaleza y amabilidad me inspiran todos los días. Tu presencia es un recordatorio constante de cómo enfrentar el momento, con un toque de humor.

A mi familia: mi mamá, mi papá y mi hermana, por sentar los cimientos de mi vida. Su amor y guía me brindaron una base sólida y la libertad de explorar. A mi abuela, fuiste mi mayor defensora, siempre. Al abuelo, viviste la vida de «piensa bien para estar bien». A Mario, Rita, Papi, *Abuela,*[1] Lori y los doctores Mora y Beers, estuvieron presentes en las últimas tres décadas en muchas más maneras de las que cabría escribir. Y por eso estoy agradecido por siempre.

A Kevin Lake, tu dedicación brillante e inquebrantable le dio aliento a cada una de las páginas de este libro. Estoy increíblemente agradecido por tu exploración sincera y profunda de cómo cada concepto vive dentro de nosotros dos. Eres una antorcha que guía el camino de vivir la primera regla de la maestría de nosotros mismos y lo que hacemos. Gracias por el peso de tu contribución.

A todo el equipo de *Finding Mastery*, gracias por compartir mi pasión y mi propósito. Su experiencia colectiva y tenacidad han elevado este proyecto muy por encima de mis sueños más locos.

A Gary DeBlasio, mi mentor, gracias por ser un espejo fiel. Tu guía y sabiduría han iluminado con gracia mis límites invisibles y me desafiaron para trabajar fundamentalmente desde dentro hacia fuera.

A cada uno de mis pacientes, gracias por confiarme sus más profundos sueños, aprendizajes y miedos. Su valentía me inspira y refuerza el profundo impacto que podemos tener en las vidas de los demás.

A Kevin Evers, el devoto editor de este libro y defensor de la claridad. Viste en qué podría convertirse esto y te agradezco la forma en que guiaste el proceso desde su concepción hasta su forma actual.

Por último, a ti, lector, lectora, gracias por confiar en la guía de una recomendación o en el proceso fortuito que te llevó a este libro. Mi más profunda esperanza es que el tiempo que pasamos juntos le aporte algo a tu vida de una manera significativa. Estoy profundamente agradecido.